Marlies Busch

CHICKS IN THE CITY

Hühner halten in der Stadt

Ulmer

INHALT

GUTE VORAUSSETZUNGEN

ICH WOLLT', ICH HÄTT' EIN HUHN..., dann könnte ich mich jeden Tag über ein Ei freuen und über die Hühner obendrein. So denken wohl immer mehr Menschen – auch in der Stadt. Obwohl der Balkon schon für gesundes Gemüse sorgt, wächst der Wunsch nach noch mehr »Land« in der Stadt. Wer ein paar Quadratmeter Garten, Dachterrasse oder Hinterhof übrig hat, denkt an tierische Gesellschaft – und so eine kleine, fröhliche Hühnerschar sorgt nicht nur fürs gesunde Frühstücksei, sondern auch für gute Laune. Der tägliche Zeitaufwand ist geringer als bei einem Hund, die Haltungsvoraussetzungen schrecken nicht ab, skeptische Nachbarn werden mit frischen Eiern bestochen, die Futterkosten sind gering ... Also, auf geht's! Den ersten Schritt haben Sie ja schon gemacht und sich ein Buch über die Hühnerhaltung in der Stadt gekauft!

SO KOMMT MAN AUF DAS HUHN!

Wenn Sie Retter in der Not werden wollen, holen Sie sich Ihre Hühnerschar aus dem nahen Tierheim. Dort findet sich ab und zu verlassenes Federvieh. Viele Eier dürfen Sie da jedoch meistens nicht mehr erwarten. Die beste Adresse ist aber immer ein Züchter, den Sie über den lokalen Kleintier- oder Geflügelzuchtverein ausfindig machen können. Sollten Sie sich berufen fühlen, etwas für den Erhalt bedrohter Hühnerrassen tun zu wollen, so schauen Sie auf der Website der »Gesellschaft zur Erhaltung alter und gefährdeter Haustierrassen e. V.« nach – auch da finden Sie viele wertvolle Informationen.

HÜHNERPROJEKTE

Seien Sie nicht zu ehrgeizig mit ihrem Hühnerprojekt! Sie müssen nicht gleich Ihren gesamten Eierbedarf aus dem eigenen Nest decken. Junge Hennen brauchen etwas Zeit und alte legen nicht mehr so fleißig. Ideal ist es, wenn Sie alte und junge Hühner haben. Damit ist der Bestand nicht überaltert und Sie können immer wieder ergänzen. Je nach Rasse schaffen Sie es so, in pucto Eier zum Selbstversorger zu werden.

BUNTES EIERLEI

Die kleinen, putzigen Zwerghühner legen auch putzige, kleine Eier. Sie sind als Nutztier nicht sehr effektiv, sondern einfach reizend anzusehen und entzückend zu beobachten, vor allem auch in ihrem Sozialverhalten.

Vielleicht legen Sie Wert auf Effektivität, weil Sie auch in der Stadt möglichst autark leben wollen. Dann besorgen Sie sich am besten robuste, genügsame Hühner mit hoher Legeleistung, die als Zwiehuhn neben den Eiern auch noch einen Braten liefern können. Und dann reihen Sie sich ein in die Gilde der »Locavores« – Größstädter, die anstatt über die neueste Mode oder einen Trip nach Sylt nun ganz stylisch über Wyandotten und Appenzeller Spitzhauben reden. Ein Blick in Städte wie New York, Toronto und London zeigt: Hühnerhalter sind im Trend.

STÄDTISCHES GEGACKER

Wenn Ihnen die Leistung nicht so wichtig ist und sie jedes Ei als Geschenk ansehen, wenn Sie sich einfach über die lustig gackernde Schar freuen, wenn Sie Freude am Verhalten und an der Zutraulichkeit haben wollen, dann kann auch ein Zierhuhn Ihren Hinterhof, Ihren Garten oder Ihre Terrasse bevölkern.

Dazwischen gibt es aber eine Vielzahl von unterschiedlichen Hühnerrassen, alle auf ihre Weise schön, interessant, fleißig, lustig oder niedlich. Die einen werden sehr zutraulich, die anderen sind eher zurückhaltend, jedoch genügsam und robust, wieder andere sind recht anhänglich oder aber ruhig.

Jede Rasse hat ihren eigenen Charme und es ist an Ihnen, das für Sie passende Huhn zu finden. Das zweite Kapitel widmet sich ausführlich den einzelnen Rassen und ihren sehr unterschiedlichen Bedürfnissen und Charaktereigenschaften. Huhn ist nicht gleich Huhn!

PLATZ DA!

Wie für jedes Tier gilt auch für das Huhn, dass es so viel Platz wie möglich bekommen soll! Das ist womöglich in der Stadt nicht ganz einfach, aber mit ein bisschen Fantasie und Geschick findet sich auch hier ein Plätzchen für eine Hühnerherde. Ein kleiner Innenhof, eine Garageneinfahrt, eine große Terrasse?

HÜHNERWOHNGEMEINSCHAFT

Als soziales Wesen möchten die Hühner nicht allein leben. Sie bevorzugen Gruppen von mindestens drei Tieren, die in einer Hühnervilla von ein bis zwei Quadratmeter Größe wohnen. Außerdem brauchen sie einen 20 bis 30 Quadratmeter großen Auslauf.

Nun sind die kleinen Rassen nicht ganz so snobistisch, was den Platzbedarf angeht. Zwerghühner, je nach Rasse, sind auch mit einem Areal von zwei bis drei Quadratmetern zufrieden. Bockt man den Stall auf, so kann man den Platz darunter auch gut als zusätzlichen Auslauf verwenden. Er ist regengeschützt und bestens geeignet für

eine Sandkuhle, die auch bei schlechter Witterung noch ein trockenes Staubbad garantiert.

HÜHNERHAUSEN

Findige Hühnerhausarchitekten haben sich daran gemacht, der Hühnerschar schöne, praktische, bezaubernde Hühnerwohnungen zu konstruieren, ja sogar Hühnerwohnmobile auf Rollen, die ganz unkompliziert den Standort wechseln können. Die Behausungen bieten allen Komfort für die Bewohner, vom integrierten Wassertank bis zur Zeitschaltuhr, die zur rechten Zeit die Tür ins Freie öffnet, wenn der Hühnerhalter gern etwas länger schläft. Es wurde an alles gedacht, damit Huhn sich wohl fühlt und der Halter seinen Blick über ein hübsches Häuschen mit seinen hübschen Hühnern schweifen lassen kann.

PLATZ IST IN DER KLEINSTEN HÜTTE?

Hühner auf dem Balkon sind ein heikles Thema. In Japan, wo die Hühnerhaltung Tradition hat, wundert sich niemand darüber, Chabo auf dem Balkon zu halten. Aber da schläft man ja auch als Mensch in Röhren, den Kapselhotels. Besitzt man einen großen Balkon mit einem Stall, den man in mehrere Ebenen unterteilt – also eine Maisonettewohnung – so kann man auch die Balkonhaltung vertreten, wenn die Nachbarn und der Vermieter zustimmen.

Aber man sollte darauf achten, den Hühnern soviel Auslauf wie möglich anzubieten und den Balkon entsprechend abzusichern. Kein Huhn sollte im freien Fall den Balkon verlassen, denn es kann zwar flattern, aber es ist keine Taube. Einen Vorteil hat die Balkonhaltung allerdings – Marder und Fuchs bleiben draußen und auch der Greifvogel wird sich kein Hühnchen packen können. Der Balkon ist eine ungewöhnliche Alternative, aber nicht unmöglich in der Umsetzung.

*** Antiker Ratgeber**
Die Römer machten es uns vor. Auch sie hielten sich Hühner in der Stadt. Der erste Ratgeber, der sich auch mit dem Thema der Hühner befasste, stammt von Lucius Iunius Moderatus Columella. Er verfasste ihn in der ersten Hälfte des ersten Jahrhunderts nach Christus.

ZEIT IST KOSTBAR

Das Kostbarste, was wir haben, ist unsere Zeit! Wieviel davon sollen oder müssen wir den Hühnern schenken, damit sie sich wohlfühlen? Weniger als einem Hund? Mehr als einer Katze? Die Hühnerschar ist im Allgemeinen sehr autark und mit sich selbst beschäftigt. Spielnachmittage wie bei Hund oder Katze fallen also aus. Das Huhn möchte nur die Gesellschaft von Artgenossen, einen sauberen, geschützten Stall, ein trockenes Sandbad und Gras oder Erde zum Scharren. Ausgewogenes Futter und frisches Wasser sind selbstverständlich. Ein bisschen Verständnis für die Bedürfnisse des Huhns sollten Sie schon aufbringen, denn je nach Rasse benötigen die Tiere unter Umständen besondere Anforderungen im Stall, vielleicht auch spezielle Näpfe oder Wasserbehälter.

*** Hühneralltag**
Jeden Morgen bei Tagesanbruch ziehen die Hühner los, verlassen ihr Hühnerhaus und streifen umher, meist zwischen 80 und 100 m weit. Sie fressen, scharren, kehren gegen Mittag zurück, sonnen sich und nehmen ein ausgiebiges Staubbad. Am Nachmittag brechen sie noch einmal auf und kehren bei einsetzender Dämmerung wieder in ihren Stall zurück.

PFLEGEAUFWAND

Im Allgemeinen wird die tägliche Pflege nicht mehr als 20 Minuten in Anspruch nehmen. Türchen öffnen, füttern, Wasser erneuern, Kotbrett säubern, nach den Tieren schauen – fertig. Am Abend muss man die Hühner wieder in den Stall bringen. Findige Hühnerhaushersteller bieten selbst da kleine technische Spielereien: Eine Zeitschaltuhr übernimmt das Öffnen und Schließen der Tür, das Futter kommt aus einem Futterautomaten und das Wasser fließt aus einem Wassertank nach.
Während das Kotbrett am besten täglich gereinigt wird, sollte man die Einstreu so lange wie möglich belassen. Ideal ist es, wenn man diese nur teilweise entfernt und nachstreut. Wundern Sie sich aber nicht, wenn Sie viele Stunden bei Ihren Hühnern verbringen. Wer sich auf das Nötigste beschränkt, verpasst nämlich das Beste: das Erlebnis Hühnerleben!

ES KOSTE, WAS ES WOLLE

Aber das Huhn will nicht viel kosten. Selbst die Kosten für das beste Futter halten sich in Grenzen. Auch die Einstreu ruiniert nicht den Kontostand, ebenso wenig wie die Tierarztkosten, die Impfungen oder Medikamente. Noch nicht einmal die Anschaffungskosten für das Huhn selbst sind hoch. Lediglich die Kosten für eine Hühnervilla könnten ins Geld gehen, wenn man nicht selbst Hand anlegen kann. Aber der versierte Heimwerker kann auf viele tolle Ideen aus Büchern oder dem Internet zugreifen und so auch diese Kosten senken.

HÜHNERBILANZ

Eine Rechnung wird allerdings nicht aufgehen: dass das Huhn sich selbst finanziert, indem es Eier legt und sich als Sonntagsbraten nutzen lässt. Die Gleichung heißt eher: Ein Huhn, viel Freude und in den ersten zwei Lebensjahren regelmäßiger Eiersegen, wenn die Rasse passt. Dann für Hartgesottene ein Hühnergericht, für Zartbesaitete ein altes, zutrauliches Huhn ohne weiteren Nutzen.

Die meisten Hühnerhalter in der Stadt vertreten allerdings die Ansicht, dass man nichts isst, was einen Namen hat. So erhält das ein oder andere Huhn noch eine Zeit lang sein Gnadenbrot. Es wird es Ihnen mit viel Zutraulichkeit und Anhänglichkeit danken.

Aber auch der weniger sentimental denkende Hühnerhalter ist nicht zu verurteilen, denn auch seine Hühner hatten ein traumhaftes, freies, artgerechtes Hühnerleben vor dem Kochtopf.

*** Hühnerwanderung**
Die domestizierten Hühner verbreiteten sich von Indien über China weiter bis nach Ägypten und Europa. Die Römer, die das Fleisch und die Eier sehr schätzten, bescherten der Hühnerhaltung eine erste Blütezeit.

HUHN UND NACHBARN

»Es kann der Frömmste nicht in Frieden leben, wenn es dem bösen Nachbarn nicht gefällt«, heißt es frei nach Schiller. Man kann nicht davon ausgehen, dass sich jeder Nachbar über eine fröhlich gackernde Hühnerschar freut. Auch Bestechungsversuche mit frischen Eiern von glücklichen Hühnern helfen nicht immer. Darum sollte man lieber im Vorfeld abklären, ob möglichst alle Anwohner und gegebenenfalls der Vermieter mit einer Hühnerhaltung einverstanden sind. Pessimisten können sich das auch schriftlich bestätigen lassen.

PLANUNG

Erkundigen Sie sich nach den baurechtlichen Bestimmungen. Beziehen Sie die Nachbarn gleich bei der Planung mit ein, können Sie gemeinsam überlegen, wo das Hühnerhaus stehen soll, damit es nicht dem einen Nachbarn die Sicht nimmt und dem anderen die Sonne. Einsame Entscheidungen über die Köpfe der Nachbarn hinweg können zu bösem Blut führen und letztendlich dazu, dass die Hühner wieder ausziehen müssen.

RUHE- UND KRÄHZEITEN

Strikt eingehaltene Ruhezeiten kann der Hühnerhalter nicht garantieren, auch wenn es tatsächlich solch absurde Gerichtsurteile gibt. Dem Hahn oder auch den Hennen können diese kuriosen Abmachungen nur schwerlich vermittelt werden. Der Hahn kräht beim ersten Sonnenstrahl und gern auch einmal zwischendurch. Die Hennen begackern außerdem nicht nur jedes gelegte Ei, sondern je nach Charaktereigenschaft und Temperament alle möglichen anderen Vorfälle. Die rassetypischen Merkmale werden im folgenden Kapitel noch gesondert beschrieben, denn auch bei Familie Huhn gibt es große Unterschiede im Verhalten.

GUTE ISOLATION

Eine gut isolierte Hühnervilla kann ein frühmorgendliches Wecken der Anwohner verhindern. Sie sollte nicht nur schallisoliert, sondern auch wärmegedämmt sein. Die Hühner vertragen im allgemeinen die Kälte recht gut, aber anhaltende Minustemperaturen unter −15 °C und viel Schnee machen auch ihnen das Leben schwer. Auf eine ausreichende Lüftung ist aber auch hier zu achten, denn Schwitzwasser an den Wänden kann gesundheitsschädlich sein.

★ Ankündigung des Sonnengotts

In Ägypten verehrte man die Hähne, weil sie morgens den Sonnengott ankündigten. Im Land am Nil züchtete man bereits in großen Brutöfen Küken. Es waren auch die Ägypter, die vor allem das Haushuhn nach Südeuropa exportierten.

HÜHNERVERTRETUNG

Planen Sie sorgfältig, denn so ein Huhn wird, falls es nicht dem Fuchs oder dem Schlachter zum Opfer fällt, oft stolze zehn Jahre alt. So lange ist es zwar nicht produktiv, aber so lange dauert ein Hühnerleben, wenn es nicht vorzeitig beendet wird.

Denken Sie auch an die Tierbetreuung in der Urlaubszeit und bei Krankheit. Wer kümmert sich um die Hühner? Ein Wochenende stellt kein Problem dar, eine ganze Woche schon. Aber ob Hund, Katze oder Huhn – wenn man Tiere hält, bildet sich automatisch ein Netzwerk von Gleichgesinnten. Jeder hilft jedem!

WO UND WO NICHT?

Fünf Hennen und ein Hahn sind selbst in einem allgemeinen Wohngebiet unbedenklich. Sogar eine lustig gackernde Hühnerschar von 15 Hühnern mit Hahn sind unter Umständen noch möglich, wenn sich niemand belästigt fühlt. Eigentlich gilt auch bei der Hühnerhaltung die Weisheit: „Wo kein Kläger, da kein Richter". Informiert man sich aber im Vorfeld, kann man sich unter Umständen unnötigen Ärger ersparen.

BRAUCHT MAN EINE BAUGENEHMIGUNG?

Hühner zählen zu den Kleintieren und haben somit den gleichen Status wie Kaninchen oder Meerschweinchen. Auch in allgemeinen Wohngebieten ist die Haltung erlaubt, wenn man den lieben Nachbarn nicht stört.

In der Stadt sind kleine, versetzbare Hühnerställe, die ohne Baugenehmigung aufgestellt werden können, die beste Lösung. Feste Hühnerställe auf einem Betonfundament können genehmigungspflichtig sein. Die Größe der Stallanlage und der Mindestabstand zum Nachbargrundstück sind z. B. Kriterien, die möglicherweise beachtet werden müssen. Auf jeden Fall ist eine Anfrage beim örtlichen Bauamt sinnvoll, um zu erfahren, in welche Kategorie das Baugebiet fällt.

SCHREBERGARTENHÜHNER

Wer daran denkt in seiner Kleingartenanlage Hühner zu halten, der wird bitter enttäuscht. In den Schrebergartenkolonien Berlins, vor allem in denen des ehemaligen Ostens, geht es meist lockerer zu. Hühnerhalter, die dort schon immer Hühner beherbergt haben (und das waren nicht wenige), genießen einen Bestandsschutz. Eine Alternative sind sogenannte Gemeinschaftszuchtanlagen der örtlichen Kleintier- oder Geflügelzuchtvereine.

EIN BLICK ÜBER DIE GRENZE

In Toronto gibt es eine Backyard-Chicken-Underground-Szene aus anonym operierenden Aktivisten, die Ihre illegal in Hinterhöfen gehaltenen Hühner legalisieren wollen. Das ist in der Schweiz nicht nötig, denn da existiert kein Gesetz, das die Haltung von Hühnern verbietet. Lediglich eine Meldepflicht muss eingehalten werden, um Tierseuchen wie die Vogelgrippe besser bekämpfen zu können. Genf verhält sich Hühnerzüchtern gegenüber sogar besonders zuvorkommend. Jeder städtische Hühnerhof wird gefördert, um den Menschen die Vorzüge lokaler Bioprodukte näherzubringen.

*** Gerda auf der Autobahn**

Das Huhn Gerda, dessen Besitzer sich leider nicht gemeldet hat, verbrachte zwei Wochen seelenruhig auf dem Seitenstreifen und mittleren Grün der A 4 bei Dresden. Jeglicher Einfangversuch ist gescheitert. Nach diesem Ausflug verschwand es dann spurlos, aber die Polizei weist ausdrücklich darauf hin, dass es nicht auf einem Kühlergrill gelandet ist.

NY CITY CHICKS

In New York, der hippsten aller Großstädte, wird an einem Zeitungsstand an der Wall Street das Magazin »Backyard Poultry« mit einer Auflage von 80.000 Stück zum Renner. Ebenso wie der Autoaufkleber »My Pet Makes Me Breakfast«. Die Großstädter fahren total auf Hühner ab. Es gibt unzählige Hühnerworkshops, Ratgeber, Foren, ja sogar Hühnerwindeln, was dann doch typisch amerikanisch ist und den Bedürfnissen des Huhns doch eher entgegenwirkt. Das Huhn ist das Aushängeschild für den modernen postindustriellen Lebensstil.

URBANE HÜHNER IN DER NACHBARSCHAFT

An der Polygonstrasse in der Lorraine (Bern in der Schweiz) gackern zehn Hühner fröhlich in einem Erlebnisgarten – unbehelligt von den Nachbarn und zur Freude der Kinder, die reihum die Pflege übernehmen und als Belohnung ihre »Beute«, ein Ei, mit nach Hause nehmen können. Jeden Tag Ostern!

Aber auch Berlin zieht mit seinen Kinderbauernhöfen mitten im Kiez nach, wie etwa dem Ziegenhof Charlottenburg oder dem Kinderbauernhof am Mauerplatz in Kreuzberg. Kleine Oasen – nicht nur für Kinder – mitten in der Stadt und die Hühner nebst Hahn machen sich gut vor einer Kulisse aus Graffitis.

In Belgien schwimmen Hühner an Deck eines der riesigen stillgelegten Kräne in den Industriezonen des Hafens. Die UrbanFarm in Antwerpen wurde von der Künstlergruppe Time Circus konzipiert. Sie besteht aus Gemüsegarten, Gewächshäusern, Baumhaus und – nicht zu vergessen – aus einem Hühnerstall nebst Bewohnern, alles aus recyceltem Material gebaut und sehr spektakulär. Ein Projekt, das ein Zeichen setzen will, wie urbane Landwirtschaft aussehen kann.

AUFLAGEN FÜR FAMILIE HUHN

Hühner besser als in Mastzuchtbetrieben oder in Legebatterien zu halten ist einfach. Sie als Hühnerbesitzer sind sicherlich bestrebt, Ihre Hühner so gut und artgerecht wie möglich unterzubringen. Die Mindeststandards, nach denen Hühner gehalten werden müssen, stehen in der Verordnung zum Schutz landwirtschaftlicher Nutztiere. Doch diese winzigen und aberwitzigen Miniplätze, die hier für jedes Huhn vorgesehen sind, sollen ja gerade nicht der Standard sein, den der Hobbyhühnerpfleger seinen Tieren zumuten will.

*** Partyzelt**
Im Notfall kann zur Aufstallung auch für kurze Zeit ein Partyzelt Abhilfe schaffen. Meist wird man aber auf einen kleinen, überdachten Vorbau zurückgreifen, den Kalt-Scharrraum, in dem die Hühner in Notfällen und bei schlechtem Wetter noch einen separaten Auslauf haben.

ERST ANMELDEN …

Für alle Geflügelarten gilt, dass jedes Tier beim zuständigen Veterinäramt gemeldet werden muss, um die Ausbreitung von Tierseuchen wie Vogelgrippe oder Geflügelpest zu vermeiden. Von dort erhält man auch die verpflichtende Tierhalter-Nummer. Das ist mit keinen Kosten verbunden. Die Geflügelpestverordnung gibt den zuständigen Behörden die Möglichkeit, die Haltung in geschlossenen Räumlichkeiten (Aufstallung) regional anordnen zu können. Bitte bedenken Sie das bei Ihrer Stallplanung. Unter Umständen müssen die Tiere eine Zeit lang in einem überdachten, abgeschlossenen Bereich gehalten werden, um einen Kontakt mit Wildvögeln zu vermeiden.
Auf jeden Fall muss das Geflügel im vierteljährlichen Rhythmus gegen die Newcastle-Krankheit geimpft werden. Das ist eine Trinkwasserimpfung, die nur in 1000-Dosen abgegeben werden. Die Kosten dafür sind sehr gering.

… UND JEDEN TAG EIN EI

Die Hennen meinen es gut mit Ihnen und legen so viele Eier, dass Sie welche an Freunde, Bekannte oder als Schweigegeld an Ihre Nachbarn abgeben wollen. Dann sollten Sie Folgendes wissen: Die Eier müssen bis zur Abgabe an den Verbraucher

trocken, frei von Fremdgeruch und vor Sonneneinstrahlung geschützt aufbewahrt und stoßfrei befördert werden. Maximal 21 Tage nach dem Legen sollten sie verbraucht sein, wenn sie bei einer Temperatur zwischen 5 und 8 °C gelagert worden sind. Knick- und Brucheier dürfen nicht weitergegeben werden.

IST DAS EI FRISCH?

Der Frischetest ist schnell durchgeführt: Bleibt das rohe Ei in einem Wasserglas am Boden liegen, ist es frisch. Richtet es sich senkrecht am Boden auf, dann ist es etwa zwei bis drei Wochen alt. Schwimmt es an der Oberfläche, ist es bestimmt zwei Monate alt und ungenießbar. Schlägt man das Ei auf und der Dotter wölbt sich hoch über dem Eiweiß auf, ist es frisch. Ist der Dotter aber flach, dann ist das Ei alt und sollte nicht mehr verwendet werden.

Verklebungen und anderer Schmutz verführen dazu, die Eier einfach abzuwaschen, aber das wäre fatal. Die Eier besitzen genau so lange eine Schutzschicht, wie die Schlupfdauer der Küken beträgt, also 21 Tage. Werden die Eier gewaschen, dann wird auch die Schutzschicht zerstört und Keime und Bakterien können eindringen. Wenn es also unvermeidlich erscheint ein Ei zu waschen, so sollte es sofort danach verbraucht werden. Einfacher ist es, schon beim Nestbau darauf zu achten, dass die Eier nicht verschmutzt werden können. In der Industrie ist das durch Fallnester geregelt, die man auch als Hobbyhühnerhalter anbringen kann.

*** Ei oder Huhn?**

Was war zuerst da, das Ei oder das Huhn? Die Frage ist schnell beantwortet: Das Ei! Denn das Huhn hat Dinosaurier-Ahnen. Unsere Hühner stammen von aufgetakelten Dinosauriern ab, so beschrieb es zumindest der Naturforscher Thomas Henry. Tatsächlich besteht eine nahe Verwandtschaft zwischen Dino und Huhn, das die meisten Schuppen allerdings schon vor 150 Millionen Jahren gegen Federn eintauschte. Nur die schuppigen Füße verraten noch die Herkunft.

HÜHNER VERSTEHEN

Ein glückliches Huhn ist ein Huhn, das von seinem Halter verstanden wird. Neben den grundsätzlichen Bedürfnissen wie einem ausreichenden Platzangebot, einem Stückchen Erde zum Scharren, einer Sandbadewanne, Futter und Wasser sowie einer Herde, in der sich das Huhn wohlfühlt, gibt es noch viele Dinge, die der Halter wissen sollte. Das Schimpfwort »du dummes Huhn« wird schnell aus dem Repertoire eines Hühnerliebhabers verschwinden, wenn er anfängt seine Hühner zu beobachten und zu verstehen.

AUCH DAS »VERRÜCKTE HUHN«...

... relativiert sich, wenn man bedenkt, dass das wilde Hin- und Herrennen der Ablenkung von Feinden dient – was auf der Straße vor einem Auto allerdings wenig Sinn macht. So schnell passt die Evolution die Tiere dann doch nicht den Gegebenheiten an. Beobachtet man aber so einen Hühnerhaufen, wird man schnell feststellen, dass das soziale Leben über alles geht. Tiefe Freundschaften sind keine Seltenheit und tote Freundinnen werden betrauert. Es gibt Eifersucht auf die Favoritin des Hahns und eine Glucke liebt ihre Küken aufopferungsvoll und über alles. Es wird den Hühnern von wissenschaftlicher Seite sogar Mitgefühl attestiert, eine Regung, die bisher nur bei Primaten beobachtet worden ist.
So ein walnussgroßes Gehirn hat es in sich, das sollte man nicht unterschätzen. Bis zu 100 Gesichter, tierisch und menschlich, kann ein Huhn zuordnen. Das ist in einer großen Hühnerherde ganz schön anstrengend und es erklärt auch, warum ein Huhn in einer Legebatterie mit 1.000 Genossinnen in verwirrender Nähe total überfordert ist.

SPRACHE DER HÜHNER

Die Henne gackert, der Hahn kräht, doch das ist nicht die ganze Palette der Lautäußerungen, die so ein Hühnerhaufen zu bieten hat. Ein ausgeprägtes Gehör und ein Sprachschatz von rund 30 Lautäußerungen hat das Federvieh in petto. Alles wird kommentiert und kommuniziert, und diese Sprache muss das Küken nicht mal erlernen. Sie ist tief in ihm verankert, auch wenn es künstlich ausgebrütet wurde und nie mit Hühnern zusammengekommen ist.
Das »korr« oder »kirr« heißt »volle Deckung«, also Gefahr von oben. Das rhythmische Gackern bedeutet Aufregung, wird aber auch bei der Eiablage geäußert. Ist das Ablagenest besetzt, so gackelt die Henne ungeduldig vor sich hin. Das tut sie auch, wenn sie gefüttert werden möchte oder andere Bedürfnisse hat.
Mit einem netten »tuck, tuck, tuck« ruft der Hahn seinen Harem zum Futter. Ab und an linkt er seine Damen auch, ruft sie zum Essen, um sich dann einfach nur mit einer von ihnen zu paaren. Jede Ähnlichkeit zu Menschen ist da rein zufällig. Die langgezogenen, schwingenden Drohlaute sind

✱ Fremdsprachen
Der deutsche Hahn sagt »Kikerikie«, das wissen wir alle. Aber die Hähne können auch andere Sprachen. So macht der französische Hahn »Cocorico«, der litauische »Kakarieku«, der russische kräht hingegen »Kukkareku«, auf Englisch heißt es »Cook-a-doodle-doo«, auf Türkisch »Üü-rü-ü« und auf Persisch »Ghughulighu«. Die Frage ist nur – hört sich das tatsächlich auch so anders an?

meist eine Aufforderung an einen Schwächeren, Platz zu machen. Der gellende Schrei eines Huhns, das von einem Raubtier gepackt wird, geht durch Mark und Bein. Er wird auch ausgestoßen, wenn sich ein mutiges Huhn auf den Feind stürzt.

KRÄHEN AM MORGEN

Der Hahn ist bekannt für seinen Hahnenschrei, mit dem er seinen Herrschaftsanspruch verdeutlicht – gern beim ersten Tageslicht, was ihn bei Langschläfern nicht gerade beliebt macht. Ab und zu will er damit auch tagsüber seine Kraft und Selbstsicherheit zur Schau stellen. Seinen Revieranspruch zeigt er weiterhin, indem er seine Flügel hinter dem Rücken zusammenklatscht, als Einleitung zu einem kräftigen Krähruf.
Sein Selbstbewusstsein wird der Hahn auch durch den Kratzfuß unterstreichen, wenn er mit steifem Schritt die Angebetete umschreitet und das Ganze durch ein Kollern unterstreicht. Ein eingefangener

Hahn sagt nach seiner Freilassung mit den gleichen Tönen auch schnippisch »das hat mir jetzt überhaupt nichts ausgemacht«. Das seltsamste Lautgemisch bekommt man zu hören, wenn eine Henne zu Beginn ihrer Legeperiode einen Eiablageplatz sucht und mit dem Legenest nicht vorliebnehmen will. Der Hahn wird damit angehalten sich an der Suche zu beteiligen, macht der Henne Angebote, scharrt und müht sich, bis Madame zufrieden ist. Dann trollt er sich.

HIER PIEPT ES WOHL

Auch die Glucke und das Küken im Ei kommunizieren schon 24 Stunden vor dem Schlupf miteinander. Die langgezogenen, hohen Töne des Kükens werden von der Glucke mit tiefen, ruhigen Glucklauten beantwortet. Hat sich das Küken verlaufen, senkt es die langen Pieplaute zum Schluss. Mutter Glucke antwortet mit schnellen, lauten Glucklauten, die gleichzeitig beruhigen und dem Küken die Richtung weisen.
Warn- und Angsttriller veranlassen die Glucke schnell zum Handeln. Sie erkennt »ihre« Küken und die Küken erkennen »ihre« Glucke. Sie lockt ihre Kinder mit kurzen, tiefen Tönen zum Futter. Mit langen tiefen Tönen, unterbrochen von kurzen hohen, nimmt die Mutter die Kinder unter ihr Gefieder. Das leise Gezwitscher des Wohlbefindens lässt dann auch die Glucke zufrieden antworten.

HÖR MAL ZU…

Wer so viel zu reden hat, muss auch gut hören können – und das, obwohl den Hühnern wie allen Vögeln die Ohrmuschel fehlt. Da die Kommunikation durch Lautäußerungen in der Gruppe funktioniert, müssen die Laute nicht nur gehört, sondern auch verstanden und umgesetzt werden.

AUS HÜHNERAUGENSICHT

Hühneraugen sehen alles, was nah ist. In die Ferne sehen Hühner schlecht. Auch das räumliche Sehen ist eine vertrackte Sache. Die seitliche Lage des Auges ist ideal für einen Rundumblick, sodass man einem Huhn kaum in den Rücken fallen kann. Aber zum räumlichen Sehen muss das Objekt erst mit einem, dann mit dem anderen Auge betrachtet werden, was das lustige Hin und Her und den Zickzackgang des Huhns bei einer Annäherung an ein Objekt erklärt. Das alles gibt es allerdings in Farbe, aber auch nur bei Tag, denn ein Huhn ist erbarmungswürdig nachtblind. Das erklärt wiederum sein Bedürfnis, bei Dämmerung im Stall Schutz zu suchen.

AUCH EIN (NACHT)BLINDES HUHN …

Um das Defizit beim Sehen in der Nacht auszugleichen, wurde das Huhn von der Evolution mit einem weiteren Sinn ausgestattet. Das ist eine Art Tastsinn, der Vibrationen über die gesamte Haut und vor allem über die Beine wahrnimmt und das Huhn auch bei absoluter Dunkelheit vor dem Nahen eines Feinds warnt. Das funktioniert allerdings nicht immer zuverlässig. Der Marder und der Fuchs sind listige Schleicher.
Der Feind aus der Luft wird mit schräg gestelltem Kopf beäugt, denn nur so ist ein räumliches Sehen möglich.

MULTIFUNKTIONS-SCHNABEL

Mit vielen Nervenbündeln durchzogen und um einiges sensibler als er aussieht, ist so ein Schnabel ein Tastorgan von großer Bedeutung. Auch wenn der Geschmackssinn nicht sehr ausgeprägt ist – über den Schnabel bekommt das Huhn alle Informationen über die Härte, die Größe, die Form und die Beschaffenheit des Futters. Mithilfe des Schnabels wird auch das Gefieder geordnet, gereinigt und gefettet – Kamm, Shampoo und Haargel in einem. Die Bedeutung des Multifunktionswerkzeugs wird oft unterschätzt. In der wirtschaftlichen Geflügelhaltung war das Kupieren der Schnäbel bis vor Kurzem noch üblich, ist aber zwischenzeitlich verboten worden. Man betrügt das Huhn damit um einen großen Teil seiner Pflegemöglichkeiten und zwingt es sein Fressverhalten zu verändern.

GESCHMACKSSACHE

Dem Huhn steht der Sinn nicht so sehr nach dem Geschmack, auch nicht nach dem Geruch. Eher untersucht es die Beschaffenheit, die Größe und die Form des Futters, um es dann als fressbar oder nicht fressbar einzustufen. Dabei haben aber auch Hühner ihre Vorlieben. Sie erkennen schnell und ohne zu zögern auf den ersten Pick, was ihnen schmeckt und was nicht.

EIN HUHN HACKT DEM ANDEREN KEIN AUGE AUS

Die Hackordnung ist ein Sozialverhalten. Sie klärt, wer zuerst fressen darf, wer den besten Sitzplatz bekommt und wer das Sagen hat. Das ist eine straffe Regelung, die schon bei den Küken zu beobachten ist. Werden die Hühner im Erwachsenenalter zusammengewürfelt, so entscheidet sich die Rangordnung durch Auseinandersetzungen.

NEULING

Kommt ein einzelnes neues Tier in eine Gruppe, so ist seine Stellung erst einmal die unterste. Aus diesem Grund sollte man das nach Möglichkeit verhindern. Kann man das nicht, sollte man den Neuling einzeln an alle Gruppenmitglieder gewöhnen, in der Rangordnung unten angefangen. So hat die neue Henne zumindest eine reelle Chance, nicht der Prügelknabe zu bleiben. Was für uns manchmal recht grob und roh wirkt, nimmt das Huhn nicht so tragisch, auch wenn es mal ein paar Federn lassen muss.

SONNENANBETERINNEN

Im ersten Moment denkt man, dem Huhn geht es nicht gut, wenn es so mit hängenden Flügeln im Gras oder im Sand liegt. Aber dann dreht es sich genüsslich auf die andere Seite und es ist klar – es sonnt sich.

Die Sonnenanbeter sind fast durchweg die Mädels, der Hahn hat Wichtigeres zu tun. Er muss aufpassen, dass seinen entspannt dösenden Damen nichts passiert. Er hat erst Ruhe, wenn er ganz sicher ist, dass keine Gefahr droht. Besonders nach dem Fressen am Morgen putzen die Damen nach dem ausgiebigen Sonnenbad das Gefieder hingebungsvoll, wenn möglichst keiner zuschaut und sie ungestört sind.

STAUB AUFWIRBELN AUF HÜHNERART

Ein Badevergnügen der besonderen Art ist das von allen Hühnervögeln heiß geliebte Sandbad. Der Ablauf dieses Badevergnügens ist ritualisiert. Zuerst scharren die Hühner eine Mulde oder nutzen die schon vorhandene Sandbadewanne vom Vortag. Dann wälzen sie sich ausgiebig, bewerfen sich mit Sand, wobei sie den Kopf aufrecht halten. Dann folgen eine kleine Ruhepause, gern dicht aneinander gekuschelt, und danach ein wenig Dösen. Beim Aufstehen schütteln die Hühner den ganzen Körper und die Flügel, um sich so vom Sand und mit ihm von eventuellen Parasiten zu befreien. Das ist das Komfortverhalten der Hühner und so pflegen sie das Federkleid ausgiebig – als echtes Herdentier gern auch kollektiv.

AUCH EIN HUHN HAT RASSE!

WELCHE RASSE DARF ES SEIN? Ein buntes Gemisch aus allem, was man retten kann, oder eine kleine, feine Auswahl einer einzigen Rasse? Wollen Sie sich dem Erhalt aussterbender Rassen widmen oder lassen Sie sich vom Züchterehrgeiz packen? Sollen es lieber Zwerge sein oder gibt es Platz für normal große Rassen? Bevorzugen Sie sanfte Riesen oder lustige, wilde Gesellen? Eher die autarken Selbstversorger oder lieber die Anhänglichen? Welche Rasse passt zur Stadt und zu Ihnen? Wollen Sie wirklich jeden Tag ein Ei oder reicht Ihnen der Spaß am hübschen Aussehen? Werden die Hühner bei abnehmender Legeleistung verspeist oder bekommen sie ihr Gnadenbrot? Lassen Sie einfach Ihr Herz sprechen, dann liegen Sie sicher richtig. Verlieben Sie sich doch einmal in ein Huhn!

HAHN IM KORB

Über eine brennende Frage gibt es verschiedenen Ansichten: Ist die Henne auch ohne Hahn glücklich? Grundsätzlich hat der Hahn eine wichtige Aufgabe in der Herde. Er sorgt für den sozialen Frieden in seinem Harem, schlichtet Streit, bewacht seine Hennen und sorgt nicht zuletzt für die Fortpflanzung, sichert also den Nachwuchs. Beobachten Sie einmal das Verhalten eines Hahns inmitten seines Harems. Er stolziert hoch erhobenen Hauptes zwischen seinen Hennen umher, stellt sich mutig jeder Gefahr entgegen, um seine Hennen zu beschützen, schlichtet hier einen Streit und weist dort eine Henne zurecht. Er hat eine wichtige Stellung in der Herde und – wo immer möglich – sollte man seinen Hennen einen Hahn gönnen.

*** Der Ur(h)ahn**
Die Bankiva-Hühner sind die Vorfahren unserer Hühner und leben heute noch im asiatischen Dschungel. Bei ihnen tragen die Hähne nur im Frühjahr ihr prachtvolles Gefieder und wechseln im Sommer zu einem unscheinbaren Ruhekleid. Unsere Hähne kleiden sich ganzjährig im Prunkgewand und zeigen es voller Stolz ihren Hennen und jedem anderen Betrachter.

GIVE ME FIVE

Damit die Damenwelt nicht allzu sehr unter der Leidenschaft ihres Hahns zu leiden hat, sollten Sie ihm je nach Rasse eine bis fünf Hennen zugestehen. Üblich sind vier Hennen, um die einzelne Henne zu schonen.
Aber kann die Henne auch ohne eine männliche Begleitung glücklich sein? Ganz allein ohne Hennenfreundinnen sicherlich nicht, denn das Huhn ist ein Herdentier und fühlt sich nur im Verbund von mindestens drei Tieren wohl. Ein reiner Mädchenclub ist allerdings durchaus vertretbar, denn dann ist das Frühstücksei unbefruchtet. Außerdem ersparen Sie sich das Problem mit einem Hahn, der in den frühesten Morgenstunden nicht nur Sie, sondern auch Ihre Nachbarn aus dem Bett kräht. Und keine Sorge, die Rangordnung machen die Damen auch unter sich aus. Es gibt auch auch Hühnerrassen, deren männliche Vertreter deutlich weniger krähen. Eine Faustregel gibt es aber selbst innerhalb einer Rasse nicht – lediglich eine Tendenz.

DIE HÜBSCHEN

Es gibt Hühnerrassen, denen verzeiht man, dass sie weder wirklich viele Eier legen, noch ein wohlschmeckendes Gericht abgeben. Man freut sich einfach nur an ihrer Anwesenheit, weil sie so hübsch oder skurril anzusehen oder besonders verschmust und anhänglich sind.

▲ DIE ELEGANTEN HAMBURGER HÜHNER

Bei den Hamburger Hühnern vereinigen sich Temperament und Schönheit. Sie fühlen sich im Freilauf am wohlsten. Je nach Farbenschlag variiert das Temperament aber ganz erheblich. Hamburger legen relativ kleine, weißschalige Eier und bei schlechtem Wetter ist die Legetätigkeit eher schwach. Wer Interesse an Hamburgern hat, freut sich also eher am besonders hübschen Äußeren.

DIE MUNTEREN BANTAM-HÜHNER ▼

Bantam-Hühner sind echte Zwerge ohne große Verwandten, aber oho! Sie brauchen Platz, denn sie sind putzmunter, aufgeweckt und sehr agil. Sie streiten auch mal ganz gern, zeigen sich dem Halter gegenüber jedoch sehr zutraulich und werden schnell zahm. Allerdings sind Bantam-Hühner ein bisschen sparsam, wenn es um die Legeleistung und auch die Eigröße geht, aber die vielen schönen Farbschläge entschädigen für das winzige Frühstücksei. Sie sind einfach nett anzusehen, ein bisschen ungewöhnlich mit ihren hängenden Flügeln.

DAS FLUGLUSTIGE SEBRIGHT ▼

Das Sebright ist eine Zwergrasse, die groß in Form ist, quirlig, sehr zutraulich, mutig und von sehr lebhaftem Wesen. Eine reine Freude, allerdings sehr dominant, auch großen Rassen gegenüber, und die Hühner benutzen ab und an gern ihre Flügel. Als Eierlieferanten sind sie sicherlich nicht der Hit, aber dafür eine Augenweide. In den Farbschlägen Silber und Gold, die Federn schwarz gerändert, mit keckem Blick und stolz geschwellter Brust – ein Schönheitshuhn, bei dem auch der Hahn aussieht wie die Hennen, also kein Schmuckgefieder trägt.

▲ DIE NIEDLICHEN HOLLÄNDER HAUBENHÜHNER

Die Holländer Haubenhühner sehen mit ihrem lustigen Kopfputz aus, als kämen sie gerade von der Rennbahn in Ascot. Wie das so ist mit den extravaganten Dingen: Das muss alles gepflegt werden. Diese entzückenden kleinen Hühner sind Diven. Sie sind sehr ruhig und lassen sich meistens problemlos in die Hand nehmen. Erschrecken sie, können sie aber auch senkrecht in die Luft gehen. Man kann sich an den zauberhaften Schönheiten erfreuen, die gern das ein oder andere, wenn auch kleine Ei abliefern.

◀ DAS RUHIGE HOUDAN

Das Houdan ist ein schwergewichtiger, attraktiver Franzose, das aufgrund seines üppigen Kopfgefieders gern einige Upgrades in seinem Stall hätte. Vollüberdachter Auslauf, die Tränke seinem Schopf und Bart angepasst – dann lässt es das Houdan ruhig angehen und wird recht zutraulich. Aufgrund seines großen Gewichts kommt es auch nicht auf die Idee zu fliegen. Houdan gehören zu den seltensten Hühnerrassen überhaupt und die Legeleistung ist recht überschaubar. Es ist ein traditionelles französisches Masthuhn.

▲ DAS SCHÖNE SUSSEX-HUHN

Das Sussex-Huhn ist preisverdächtig, denn es ist nicht nur schön, groß, ruhig und zutraulich. Es legt auch jede Menge Eier und – wir würden es gern verheimlichen – es hat ein zartes, weißes Fleisch. Ansonsten fliegen, nein danke, auch wenn es könnte – Fressen ist wichtiger. Der Bruttrieb ist bei den Sussex nicht besonders ausgeprägt. Dieses vermeintliche Manko ist aber der Grund, weshalb sie so gut legen.

DIE GENÜGSAMEN

Manche Hühner suchen sich ihr Futter selbst, andere brauchen wenig Platz. Diese Hühner sind friedfertig, flugfaul, robust in ihrer Gesundheit, einfach Hühner ohne Allüren. Es sind Hühner, die ihren Job machen, Eier legen, unter Umständen auch selbstverständlich ihre Küken aufziehen, zutraulich werden, also echte Bilderbuchhühner.

DIE ARAUCANA-HÜHNER ▼

Araucana-Hühner wurden von spanischen Seefahren aus der Südsee entführt. Dieses Huhn ohne Ecken und Kanten macht viel Freude. Es ist schwanzlos, hat dafür aber einen Kragen wie ein spanischer Eroberer. Der Kragen braucht ein bisschen Pflege. Araucana sind sehr ruhige Hühner von einer nicht zu übertreffenden Robustheit. Für ein Zierhuhn ist es nicht geizig mit der Eierproduktion und das auch noch in Farbe! Ein sanftes Türkisgrün ziert die Eier und hat den Hühnern den Namen »Grünleger« eingebracht.

▲ DIE MASSIGEN AUSTRALORPS

All in One, das Australorps bietet wirklich etwas für jeden Bedarf. Schönheit, Friedfertigkeit, Legefreude und – falls gewünscht – auch Fleisch. Die Hühner sind anspruchslos, fliegen gar nicht oder sehr schlecht, haben aber auch keine Lust auszubrechen. Sie sind als Jungtiere eher lebhaft, werden jedoch mit zunehmendem Alter und Gewicht viel ruhiger.

▲ DIE ÜPPIGEN ORPINGTON-HÜHNER

Orpington-Hühner sind wuchtig, ruhig und zutraulich, mit einer Neigung zur Verfettung, wenn der Halter es zu gut mit ihnen meint. Quadratisch und gedrungen, mit vollem Gefieder, wenig Bein und nicht klein, brauchen die Orpington-Hühner schon üppigen Platz. Sie sind sehr genügsam, was ihren Stall angeht. Leider legen Orpington nicht besonders gut. Aufgrund ihres hohen Gewichts fliegen sie kaum und sind deshalb eine interessante Rasse für den Städter, gerade auch im Zwergenformat.

◀ DIE FLEISSIGEN BARNEVELDER-HÜHNER

Das Barnevelder ist ein Einsteigerhuhn, zusammengewürfelt aus allem, was so an Hühnerrassen zu finden ist, von angenehmen Temperament, schnell zahm und völlig flugunfähig. Der Hühnerhalter wird mit vielen, großen Eiern beglückt, die ähnlich denen des Maran-Huhns eine braune Farbe aufweisen. Das legt sich jedoch im Lauf der Legeperiode. Zudem ist das Barnevelder-Huhn auch noch nett anzusehen, also ein echter Hauptgewinn, den es auch in der handlichen Zwergform gibt.

▲ DAS GESCHEITE DEUTSCHE LANGSCHAN

Man sieht ihm sein Gewicht nicht sofort an, doch das Deutsche Langschan ist ein schweres Huhn und somit einfach zu schwer zum Fliegen. Eine hohe, aufrechte Haltung, zudem noch eine gewisse Intelligenz und Gelehrigkeit und eine robuste Gesundheit machen das Huhn zum Huhn der Hühner, denn es stellt keine Ansprüche an die Haltung. Deshalb ist es schade, dass die Deutschen Langschan heute so selten sind.

DIE RUHIGEN DEUTSCHEN LACHSHÜHNER ▶

Das Deutsche Lachshuhn sieht mit dem üppigen Gefieder, der Halskrause und den aparten Farbspielen schon besonders aus. Leider weigert es sich strikt, sein Gelege zu bebrüten. Aber Ihnen als Stadthühnerhalter kommt es ja nicht auf die Nachzucht an. Ansonsten sind die Tiere wunderbare Genossen: einfach in der Haltung, zutraulich, absolute Nichtflieger und sogar Eier kann man von ihnen erwarten – besonders von den Zwerg-Lachshühnern.

▲ DIE BEDÄCHTIGEN NIEDERRHEINER HÜHNER

Eigentlich ist das Niederrheiner Huhn ein Fleischlieferant, doch lieber erfreut man sich an der guten Legeleistung dieser wunderbaren, netten Hühner. Von ausgeglichenem Temperament, ruhig und bedächtig, schnell handzahm und zutraulich, wollen sie überhaupt nicht fliegen und lassen sich durch die niedrigste Einfriedung im Revier halten. Aber wer nett ist, kann auch hübsch sein. Bei den Hühnern schließt das eine das andere nicht aus, wie die blau- oder gelb-gesperberten Tiere deutlich zeigen.

▲ DIE ENTZÜCKENDEN WYANDOTTER HÜHNER

Wyandotten können alles: schick aussehen, viele Eier legen und auch ausbrüten. Wenn gewünscht, sind sie geduldige Kükenführerinnen. Sie sind freundlich, von guter Gesundheit und zeigen eine ausgesprochene Lebensfreude. Nur eins können sie nicht: fliegen! Die Wyandotter Hühner, benannt nach einem Indianerstamm, sind ein Volltreffer – auch im Kleinen, denn diese Hühner gibt es auch in der Zwergform.

DIE KAMPFLUSTIGEN

Sie haben Klasse, diese wilden, aufgekratzten Hühner und vor allem die dazugehörigen Hähne. Leider sind sie für die Haltung in Wohngebieten und Gärten aber nicht geeignet. Trotzdem sollen sie hier erwähnt und bestaunt werden.

DIE MUTIGEN ASIL-HÜHNER ▼

Das Asil-Huhn ist typischer Kämpfer mit viel Mut und einer gehörigen Portion Agressivität, die sich bei den Hähnen aber lediglich unter Artgenossen zeigt. Der Hennenclub ist bei ausreichendem Platzangebot friedlich und dem Halter gegenüber werden die Tiere schnell sehr zutraulich. Das flaumarme Federkleid dieser Hühner macht einen frostfreien Stall erforderlich. Sie können fliegen, tun es aber selten. Sie legen auch nur wenige Eier. Es sind reine Zierhühner, dafür aber schöne.

▲ ALTENGLISCHE KÄMPFER

In England hatte der Hahnenkampf eine große Tradition. Mit dem Verbot wurden die „alten englischen Kämpfer“ zum Rassehuhn – agil und dem Menschen trotzdem sehr zugetan. Viele Eier sollte man von ihnen aber nicht erwarten. Für den Städter kommt hauptsächlich die Zwergvariante in Betracht.

▲ DIE WILDEN MALAIEN

Sie sind riesig, wild und liefern nicht wirklich viele Eier, aber sie sehen ungemein imposant aus, die großen Malaien. Reine Ausstellungshühner, die allerdings keine großen Ansprüche an den Halter stellen. Ein zugfreier Stall für die Nacht reicht ihnen völlig. Auch wenn die Tiere in der Herde nicht einfach zu halten sind, zeigen sie sich dem Halter gegenüber sehr zahm und zutraulich. Das erwartet man nicht, wenn man die wilden Gesellen so sieht. Aber ganz davon abgesehen sind die Malaien nicht für die Stadt geeignet.

DIE FAMILIENHÜHNER

Diesen Hühnern fehlt jede Aggression und sie sind daher auch für Familien mit Kindern eine wahre Freude. Sie sind zutraulich, gutmütige Freunde und hübsch anzusehen. Die einen sind besonders weich, die anderen sehr anhänglich und wieder andere legen Eier, die aussehen wie Schokolade. Da schlagen die Kinderherzen im Hühnertakt.

◀ DIE BRUTFREUDIGEN SEIDENHÜHNER

Das Seidenhuhn ist etwas Besonderes. Schon Aristoteles soll es erwähnt haben und auch Marco Polo schwärmte davon. Dieses Tier mit dem seidenen Federkleid wurde einst auf Jahrmärkten als Mischwesen zwischen Kaninchen und Huhn angepriesen. Das Gefieder fühlt sich struppig an und noch etwas ist ungewöhnlich: Das Huhn hat eine schwarze Haut, auch wenn das Gefieder weiß ist. Und es kommt noch schlimmer: Auch das Fleisch und die Organe – alles ist schwarz, bis hin zu den Knochen.
Mit diesen Federn kann man zwar nicht fliegen, aber trotz der kurzen Beinchen ist das Huhn sehr gut zu Fuß. Viel Platz brauchen die Seidenhühner nicht, aber trocken sollte es sein. Dann zeigen diese zauberhaften, genügsamen Hühnchen eine robuste Gesundheit und ein zutrauliches, reizendes Wesen mit einem ebenso reizenden Charakter.
Das Frühstücksei muss nur leider jemand anderes legen, denn mit rund 80 Eiern im Jahr bekleckern sie sich nicht gerade mit Ruhm. Einmalig ist allerdings das Brutverhalten der Seidenhühner, die auch gern mal die Eier anderer Vögel ausbrüten, etwa die der Fasanen.

DIE ZURÜCKHALTENDEN BRAHMA-HÜHNER ▼

Brahma-Hühner erscheinen meist träge, aber dann sieht man den kühnen Blick und weiß – die tun nur so. Sie sind zwar angenehm ruhig und zurückhaltend, aber sicher nicht träge, denn da trügt das Erscheinungsbild. Die Hühner sind sehr große und massig, doch es gibt auch eine angenehme Zwergform. Die Legeleistung ist leider eher überschaubar.

DIE ATTRAKTIVEN MARAN-HÜHNER ▶

Groß und kräftig sind sie, und im Nest wird es bunt. Die Maran-Hühner haben ein freundliches Wesen, die Hennen können brüten und sind zuverlässige, ruhige Kükenführerinnen. Das Besondere an diesen schönen Hühnern, die trotz des Gewichts nicht plump wirken, sind die wundervollen farbigen Eier – dunkel rotbraun, goldbraun, wie aus Schokolade.

◀ DIE PUTZIGEN CHABO-HÜHNER

Das Chabo-Huhn schaut hinreißend aus, auch wenn es keine Modellmaße hat. Es fehlt ihm an Beinlänge, was aber Rasen und Garten schont, denn mit so kurzen Beinchen mag man nicht besonders gern scharren. Man kann sie also auch in bepflanzten Gärten laufen lassen, ohne größere Schäden befürchten zu müssen. Diese echte Zwergrasse ist ein Zierhuhn, denn die Legeleistung ist gering und die Eier wiegen im Idealfall lediglich 28 g. Was ihre Attraktivität angeht, sind sie mit ihren vielen Farbschlägen jedoch ganz groß. Nicht zuletzt kann man sich sogar im Stadtgebiet einen Hahn leisten, denn er hat eine wenig ausgeprägte Stimme.

DIE AUSGEGLICHENEN NEW-HAMPSHIRE-HÜHNER ▼

New Hampshire Hühner sehen aus wie in Bernstein getaucht, und der Hahn unterscheidet sich im Gefieder kaum von der Henne. Mit ihrem ausgeglichenen Temperament werden die Hühner schnell zahm und sehr zutraulich. Auch für das Frühstücksei sorgen sie pünktlich und wer an einen Sonntagsbraten denkt, wird nicht enttäuscht. Diese genügsamen, wundervollen Hühner gibt es auch in der handlichen Form als Zwerg-New-Hampshire, die auch in klein ganz groß sind!

▲ DIE SANFTEN COCHIN-HÜHNER

Ein Federball, ob in der großen Version oder als Zwerg – die Cochin-Hühner sind rund. Als ausgesprochen genügsame Tiere stellen sie nur Ansprüche an den Auslauf, denn der sollte trocken sein. Mit ihren hübschen Federpuscheln an den Füßen holt man sich nicht gern nasse oder gar schlammige Füße. Ansonsten ist das Fliegen nicht ihr Thema. Auch Aggressionen sind es nicht – nicht einmal einem anderen Hahn gegenüber, wenn die Anzahl der Hennen groß genug ist. In der Zwergform sind die Cochin-Hühner ideal als Stadthuhn, auch für Familien mit Kindern.

DIE LIEBENSWERTEN WELSUMER HÜHNER ▼

Dieses Huhn kann nichts erschüttern! Vom Wesen ist das Welsumer Huhn eher temperamentvoll. Es ist in Bezug auf das Wetter nicht zimperlich, genügsam und hübsch obendrein. Es ist ein relativ großes Huhn, das es aber auch im handlichen Format für die Stadt gibt. Verblüffend ist die Legeleistung, nicht nur in Bezug auf die Menge, sondern vor allem in Bezug auf die Eigröße. Selbst die Zwerg-Welsumer legen richtig große Eier! Ein Huhn, das alle glücklich macht, denn es hat Charakter. Der Hahn sieht im Übrigen aus, als sei er einem Bilderbuch entsprungen.

▲ DIE NIEDLICHEN FEDERFÜSSIGEN ZWERGHÜHNER

Die Federfüßigen Zwerghühner sind eine der ältesten Zwerghuhnrassen, mit ausgeprägten Rundungen, breiter Brust und puscheligen Füßen. Sie sehen gemütlich aus und das sind sie auch. Die Fußbefiederung hindert sie nicht daran ausgiebig zu scharren. Die Füße sollten aber mit kurzem Rasen und feinem Bodengrund vor Schmutz und Nässe geschützt werden. Federfüßige Zwerghühner sind ein Augenschmaus für jeden Halter und gehören somit zu den beliebtesten Zwerghuhnrassen. Eierlegen können sie auch, aber erwarten Sie in dieser Hinsicht nicht zuviel von diesen liebenswerten Tieren.

DIE NOSTALGIEHÜHNER

Die sind aus den Hühnerställen nahezu verschwunden, wurden von Hochleistungshühnern verdrängt oder waren einfach nicht mehr modern. Alte Hühnerrassen wurden immer mehr zu seltenen Hühnerrassen und sind jetzt zum Teil vom Aussterben bedroht.

DIE URIGEN AUGSBURGER HÜHNER ▼

Das Augsburger Huhn ist ein echter Bayer, speziell für die entsprechenden klimatischen Verhältnisse gezüchtet. Daher ist es sehr wetterfest und widerstandsfähig. Das rein schwarze Gefieder glänzt in der Sonne grünlich. Es gibt aber auch einen blau-gesäumten Farbenschlag. Der Hahnenkamm hat eine sehr ungewöhnliche Form – er ähnelt einer Krone. Trotz hoher Attraktivität und guter Legeleistung ist diese Hühnerrasse vom Aussterben bedroht.

▲ DIE FREUNDLICHEN SUNDHEIMER HÜHNER

Das Sundheimer Huhn ist ein Freund und guter Gefährte, einfach in der Haltung, ein friedlicher, ruhiger Zeitgenosse, robust und genügsam. Außerdem beschert es Ihnen auch noch jede Menge Eier. Ein ganz wunderbares Huhn, ein Volkshuhn, das sich zudem zur Freude aller ganz leicht zähmen lässt. Es wird überaus zutraulich, ja manchmal sogar richtig anhänglich. Nicht einmal fliegen mag es, und mit einem kleinen Zaun nimmt es seine Grenzen willig an. Ein Huhn, das Freude macht.

DIE KANTIGEN RHODELÄNDER ▼

Man sieht es ihnen schon an, den kantigen Rhodeländern: sie sind wetterhart, robust, sehr aktiv, aber auch ausgesprochen attraktiv mit glänzendem, rotbraunem Federkleid. Die Einzäunung sollte stabil sein, sie wollen zwar nicht fliegen, sind aber sehr temperamentvoll. Aber eines kann die Rhodeländerin wie keine zweite: pünktlich Eier legen und zwar viele. Sie gehören zu den Selbstversorgern, das Futter selber suchen ist kein Problem.

▲ DIE REGEN DEUTSCHEN SPERBER

Das Deutsche Sperber ist ein Landhuhn, wie es im Buche steht: schöne Sperberzeichnung, robust, frohwüchsig, lebhaft, zutraulich, guter Futtersucher, flugfaul. Eigentlich hätte es dieses Huhn in die Charts der Rassen schaffen müssen, aber es steht auf der roten Liste. Nun gut, die Legeleistung ist nicht gerade olympiaverdächtig, aber dafür ist das hier ein ganz besonders hübsches Huhn. Man muss ja nicht alles können.

DIE MÄNNERHÜHNER

Es gibt tatsächlich Hühnerrrassen, die Männerherzen höher schlagen lassen – und das sind nicht die niedlichen, kleinen Hühner. Das sind die stolzen Hähne, die mit herausgedrückter Brust und einer Menge von Schwanzfedern eher schreiten als dass sie gehen. Also die Ferraris unter den Hühnern, mit schönen Hahnenkämmen. Es ist allerdings nicht gesagt, dass der dazugehörige Harem an Damen nicht auch fleißig Eier legen kann.

◀ DIE APARTEN SUMATRA-HÜHNER

Sumatra-Hühner stammen wirklich von der gleichnamigen Insel und werden dort wegen ihrer hohen Rückenlinie als Fasane bezeichnet. Der Sumatra-Hahn ist nämlich mit reichlichen Schmuckfedern und einem üppigen Schwanz ausgestattet. Das Ganze gibt es in Schwarz mit smaragdgrünen Glanzlichtern, eine echte Augenweide. Wer will da noch eine hohe Legeleistung oder einen guten Fleischansatz erwarten. Diese sehr ursprüngliche, kaum veredelte Rasse ist einfach zum Schönsein geboren und so sollte sie auch gehalten werden. Als Stadthuhn ist sie allerdings völlig ungeeignet, weil soviel Attraktivität ihren Platz braucht. Wenn die Tiere allerdings genug Auslauf haben, werden sie sehr zutraulich, ja fast schon anhänglich.

DIE LEBHAFTEN OHIKI ▼

Wie die meisten japanischen Rassen sind auch die Ohiki groteske Erscheinungen. Eher kurze Beine, dafür ein langes Schwanzgefieder beim Hahn. Ohiki sind sehr ruhig und eher bewegungsfaul. Ideale Tiere also zum Beispiel auch für einen Japangarten. Dort sind sie lebhaftes Inventar und erfreuen sogar hin und wieder mit einem Ei.

◀ DAS AGILE ORLOFF-HUHN

Das Orloff-Huhn ist ein echter Russe mit kräftigem, aufrechtem Rumpf und einem relativ langen Hals. Man merkt ihm an, dass er früher recht kämpferisch war, ähnelt er doch in seiner Körperform dem Malaien. Aber gerade in der Zwergenform ist er ein ganz wunderbares, hinreißend aussehendes Huhn. Die Henne legt eine ordentliche Anzahl Eier. Auch den Winter überstehen die Tiere ohne Probleme – es ist ja nicht einmal ein erwähnenswerter Kamm da, der erfrieren könnte. Dieses ungewöhnliche, seltene Huhn erregt Aufsehen.

▲ DIE SKURRILEN NACKTHALSHÜHNER

Nackthalshühner wecken fast schon Mitleid, aber völlig zu Unrecht. Ihre indischen Vorfahren haben ihre Federarmut vererbt und veredelt wurde die Rasse in Siebenbürgen. Doch die Nackthalshühner sind sehr robust und wetterhart, legen sehr viele Eier und sind einfach einmalig in ihrem Aussehen. Die Zwergform ist auch stadttauglich.

DER RASSIGE ITALIENER ▶

Der allen bekannte Italiener ist das Bilderbuchhuhn unserer Kindheit. Rassig, stolz, sehr lebhaft und wendig, ein guter Flieger und in vielen wunderschönen Farbschlägen erhältlich. Die Legeleistung ist beachtlich. Als Stadthuhn ist er aber nicht geeignet, denn er schläft wie seine asiatischen Vorfahren am liebsten auf Bäumen. Ansonsten ist er robust und wird trotz seiner Lebhaftigkeit sehr zutraulich.

DIE LEGEFREUDIGEN

Und jeden Tag ein Ei, das ist die Devise vieler Hühnerhalter, denn das Halten der Hühner soll nicht nur Spaß machen, sondern auch einen Nutzen haben. Es reicht also nicht, nur schön zu sein. Das Huhn soll auch einen guten Job machen, und diese Hühnerrassen können zum Teil beides.

DIE FLEISSIGEN OSTFRIESISCHEN MÖWEN ▼

Die Ostfriesische Möwe ist ein Landhuhn, auch in der niedlichen Zwergform. Es ist dazu noch ein sehr hübsches, gold-schwarz-geflockt oder silber-schwarz-geflockt mit stark befiedertem Schwanz. Die Tiere sind sehr gute Flieger, gute Eierlieferanten, sehr agil, wetterhart und beweglich, nicht sehr zutraulich, aber sehr selbstständig. Sie suchen sich ihr Futter gern selbst und legen dabei gern weite Entfernungen zurück, was ihre Stadthaltung eher schwierig macht.

▲ DAS ENTSPANNTE BIELEFELDER KENNHUHN

Eine Ansammlung von guten Genen macht das Bielefelder Kennhuhn zu einem gern gesehenen Gast, vor allem bei Neulingen der Hühnerhaltung. Es besticht durch sein Aussehen, denn es ist ausgesprochen hübsch. Dann legt es auch noch viele Eier und gibt auch einen guten Sonntagsschmaus ab, obwohl es lieber ein Augenschmaus ist. Es ist ein ideales Stadthuhn mit einem geringen Platzbedarf, ruhig und problemlos zu halten, ein Glückstreffer.

DAS KRÄFTIGE SULMTALER HUHN ▼

Sulmtaler sind sehr gewichtige Hühner und fliegen deshalb nicht. Niedrige Zäune reichen deshalb völlig aus. Ursprünglich als Masthuhn gezüchtet, ist auch die Legeleistung recht ordentlich. Besser legen jedoch die Altsteirer, die Legevariante der Steirischen Hühner. Beide Rassen gibt es auch im Zwergenformat.

▲ DIE ZAUBERHAFTEN LAKENFELDER HÜHNER

Eierlegen, das kann die Lakenfelder Henne. Sie gehört zu einer seit 150 Jahren bestehenden Rasse und ist ein echtes Stück deutscher Kultur! Sie ist ein Landhuhn mit Blickfang, denn die wirklich schöne Färbung verzaubert den Betrachter: Ein weißes Laken auf einem schwarzen Feld. Auch das lebhafte, nette Temperament dieser robusten Rasse ist ansprechend. Die hinreißenden Tiere werden zudem sehr zahm, machen dem Besitzer viel Freude und lassen sich auch gut im urbanen Umfeld halten.

WELCHE RASSE PASST ZU IHNEN?

In den Hinterhöfen, auf den Terrassen, in den Garageneinfahrten und in den Kleingärten der Stadtbewohner sind mir wiederholt verschiedene Hühnerrassen begegnet. Das Bielefelder Kennhuhn sowie das Lakenfelder, das Welsumer, das Sundheimer, das Sulmtaler und das New-Hampshire-Huhn werden besonders gern von Liebhabern gewählt, die möglichst jeden Tag ein Ei im Nest vorfinden wollen. Die Freunde von Chabo-, Cochin- und Seidenhühnern sowie Wyandotten haben sich zuerst in das Aussehen der Rassen verliebt und sehen das Ei als Zugabe an.

PLATZ FÜR ZWERGE

Die Stadthühnerhalter bevorzugten durchweg die Zwergenform der Hühner. Nirgendwo sind uns die großen Rassen begegnet – selbst, wenn das Platzangebot ausreichend gewesen wäre. Dann wurde lieber eine größere Anzahl an Hühnern angeschafft. Die meisten Stadthühnerhalter hatten sich für eine einzige Rasse entschieden, selten fanden wir einen Hühnerrassenmix, bestenfalls eine Kombination aus zwei Rassen. Es sei noch erwähnt, dass es für die Hobbyhühnerhalter noch eine Besonderheit gibt: das Huhn im Handtaschenformat. Die Seramas sind die kleinste Hühnerrasse der Welt. Aber auch in den 15 bis 25 cm steckt viel Huhn! Auslauf muss sein, dann können Sie sich bis zu 8 Jahren an diesem Winzling freuen.

Was uns aber verblüfft hat: ganz viele Hühnerhalter leisteten sich einen Hahn! Erstaunlich, wenn man an die vielen Nachbarschaftsstreitereien denkt, die die Gerichte so bearbeiten müssen. Aber uns scheint, es geht auch anders, mit Toleranz und Freundlichkeit!

10 km
FRISCHE EIER ZU VERKAUFEN

EIN ZUHAUSE FÜR HÜHNER

EIN ZUHAUSE FÜR HÜHNER GIBT ES IN JEDER GRÖSSE. Sie wollen sich vielleicht einfach ein Stückchen Landleben in die Stadt holen und wissen bereits, dass Sie nur wenige Tiere halten wollen. Oder Sie haben sich für eine kleine Zucht entschieden, weil Sie auch in der Stadt an Platz nicht sparen müssen. Vielleicht haben Sie auch im vorigen Kapitel schon Ihr Herz für eine bestimmte Rasse entdeckt oder auch für einen Mix aus unterschiedlichen Rassen. Dann kann es losgehen! Bevor Sie sich aber um die Hauptpersonen kümmern, müssen Sie noch einige Dinge anschaffen, den Platz fürs Hühnerhaus bestimmen, Zäune ziehen, Netze spannen und vieles mehr. Erst wenn alles fertig ist, können Sie die Herrschaften einladen, bei Ihnen zu wohnen. Also, auf geht's!

DAS EIGENHEIM

Das mit dem Hausbau ist so eine Sache. Jeder Eigenheimbesitzer weiß, welche Hürden und Hindernisse da überwunden werden müssen. Das ist beim Hühnereigenheim nicht viel anders. Zuerst einmal muss der Bauplatz ausgewählt werden. Dann steht man vor der Entscheidung, ob man ein festes Haus mit Betonsockel (unter Umständen ist eine Baugenehmigung nötig) oder ein mobiles Fertigheim haben möchte.

ZUHAUSE IM HÜHNERGLÜCK

Es gibt ganz außergewöhnliche Hühnerhäuser mit durchdachtem Equipment, mit Sommer- und Wintergiebel und vielen Extras, aber die haben ihren Preis. Der Hobbyhandwerker findet im Internet eine Vielzahl an Konstruktionen mit Anleitungen, die einfach zu befolgen sind. Alle, die nur ein bisschen basteln wollen, können auch ein Gartenhaus aus dem Baumarkt umbauen.
Nun ist der Platz festgelegt und die Größe des Stalls ebenfalls. Drei bis vier Tiere brauchen im Eigenheim etwa einen Quadratmeter Platz, je nach Körperfülle auch mehr.
Der Auslauf sollte 20 bis 30 Quadratmeter groß sein, angepasst an das Temperament und die Größe der Hühner. Dabei muss man die Größe zum Platzangebot in Relation setzen. Denn wo sich das Orpington trotz ruhigem Wesen eher eingeengt fühlt, hat das temperamentvolle Sebright aufgrund seiner kleinen Größe ausreichend Platz.

HÜHNERHAUS-EXPOSÉ

Was erwartet ein Huhn von seinem Eigenheim? Neben ausreichendem Platz steht vor allem die Sicherheit im Vordergrund. Der Bau muss gut verschließbar sein, keine Zugluft, aber genügend Licht hineinlassen. Als kleiner, überdachter Auslauf dient der Kalt-Scharrraum, damit die Hühner bei der nächsten Schlechtwetterfront nicht schlechte Laune bekommen, weil sie nicht ins Freie können.
Beliebt sind erhöhte Sitzstangen, darunter ein Kotbrett als Abendtoilette, denn das Huhn entleert seinen Darm gern in der Nacht. Das Brett sollte zur leichten Reinigung herausnehmbar sein. Nicht zu vergessen sind der Futterspender und die Tränke. Besser sind mehrere Tränken, denn so kann man sie wechselweise säubern. Ein Must-have sind die Legenester – und schon haben Sie ein Huhn glücklich gemacht.
Selbstverständlich möchte das Huhn noch einen Auslauf haben, ein Stückchen Rasen zum Scharren und eine Sandkuhle, wie es ja zu so einem Eigenheim gehört.

EXTRAWÜNSCHE

Die Fensterfront sollte als Kippfenster nach Süden oder Südosten ausgerichtet sein, damit genug Tageslicht einfallen kann. Der Durchschlupf kann wegen der schon erwähnten Zugluft wie ein kleiner Windfang überdacht werden. Auf jeden Fall ist der Lüftung besondere Aufmerksamkeit zu schenken. Stimmt sie, fühlen sich die Hühner wohl und werden trotz niedriger Temperaturen nicht krank.

HÜHNERHAUS-ARCHITEKTUR

Dann steht die Frage nach dem Baumaterial an. Holz ist meist die erste Wahl, und ordentlich verarbeitet, das heißt ritzenarm, auch ideal. Aufpassen muss man, um den Milben möglichst wenig Unterschlupfmöglichkeiten zu bieten. So eine Milbenplage ist nämlich nicht zu unterschätzen und kann das Huhn ganz schön quälen. Außerdem verirren sich die unliebsamen Tierchen auch ab und an auf den Menschen. Das Mittel der Wahl ist daher die Hygiene und das Verschließen aller Ritzen und Ecken. Mit Milben befallene Tiere müssen unbedingt behandelt werden.

HÜHNER IM CONTAINER

Findige Designer der Firma HeiniCoop haben Hühnerhäuser gebaut, die wie Container aussehen, also ganz urban im Design. Als Material finden Stahl und Aluminium Verwendung. Sie sind also ausgesprochen langlebig. Die Container sind isoliert und ihre Reinigung ist kinderleicht. Auf eine optimale Lüftung sollte aber besonders in Phasen des Wetterwechsels geachtet werden.

HÜHNER IM SCHWEDENHAUS

Für die Freunde des mobilen Wohnens bietet sich das »Hühnerhaus mobil« von Ralf Müller an. Hier ist an alles gedacht, auf kleinstem Raum. Das Haus ist isoliert, hat einen Sommer- und einen Wintergiebel sowie eine perfekte Innenausstattung mit automatischer Türöffnung und Wasserspender. Es steht auf Rädern und ist in vielen Größen zu haben. Um das Rundumsorglospaket zu erweitern, wird auf das Huhn und sein Haus abgestimmtes Equipment für den Auslauf angeboten. Was aber nicht vergessen werden sollte, ist die Attraktivität des Schwedenhauses. Es ist in vielen Farben erhältlich und eine Augenweide.

HÜHNER IM GARTENHAUS

Der Umbau eines Gartenhäuschens in ein Hühnerhaus ist eine preisgünstige Alternative für den Bastler, der sich die vollständige Konstruktion eines Hühnerhauses nicht zutraut. Ein kleines, fertiges Gartenhaus ist kostengünstig und mit ein paar Upgrades wird daraus ein wunderbares Hühnerhaus. Sie müssen lediglich den erhöhten Einschlupf aussägen, einen kleinen Windfang anbringen, eine Hühnerleiter installieren und den Überstand oder das Vordach als Kalt-Scharrraum vergittern.

EIN NEST MUSS HER

Legenester sind ein »must have« bei den Hühnern, wenn Sie die Eier nicht an den unmöglichsten Stellen zusammensuchen wollen. Frau Huhn ist eigentlich auch mit einer einfachen Kiste zufrieden. Der Halter schaut da eher auf die Handhabung und manchmal auf die Optik.
Wenn die Eier möglichst sauber gehalten werden sollen, bieten sich Fallnester an. In ihnen wird das Ei gleich nach dem Legen von der Henne getrennt und kann nicht mehr verschmutzen. Für die Henne macht das keinen Unterschied, es sei denn, sie will brüten. Die Hühnerdamen sind nicht zickig, wenn es um ihre Nester geht. Drei oder vier Hennen können sich auch ein Nest teilen. Ein Nest für eine normalgewichtige Henne sollte etwa 35 Zentimeter lang und breit sein.

HÜHNER AUF DER STANGE

Auch bei der Wahl der Sitzstangen ist das Huhn nicht wählerisch. Eine einfache Latte ist aus Hühnersicht vollkommen in Ordnung. Das Holz sollte nicht zu großporig sein, um das Einnisten von Parasiten zu verhindern und um die Reinigung zu erleichtern. Je nach Tiergröße wird die Stange etwa 70 Zentimeter bis einen Meter hoch angebracht. Alle Stangen sollten sich in gleicher Höhe befinden, um die Rangordnung nicht durcheinander zu bringen. Die Entfernung von der Wand sollte 25 bis 35 Zentimeter betragen. Sie ist von der Länge des Schwanzgefieders abhängig.

✱ Fester Griff

Warum fällt ein schlafendes Huhn nicht von der Stange? Die meisten Vogelfüße besitzen eine Art Verschlussmechanismus: Muskeln und Sehnen ziehen die Zehen sofort zusammen, wenn sich der Vogel hinhockt. Je tiefer das Huhn hockt, umso fester umschließen die Zehen die Stange oder den Ast. Allein durch das Gewicht des Vogels ist der Griff gesichert und so kann er im Schlaf auch nicht von der Stange fallen.

TROG UND TRÄNKE

Die Tränke sollte so beschaffen sein, dass sie nicht verschmutzen kann. Daher bietet sich eine Stülptränke an. Während der Wintermonate sollte ein Tränkewärmer darunter gestellt werden. So kann das Wasser nicht einfrieren. Hühner von normaler Größe haben einen Bedarf von etwa 120 Gramm Futter pro Tag. Ein Futtertrog mit einer Gitterabdeckung hält die scharrfreudigen Tiere davon ab, das Futter mit ihren Füßen zu verteilen. Am besten wird der Futtertrog hochgestellt, um eine Verschmutzung zu verhindern.

WIE MAN SICH BETTET, SO LIEGT MAN

Hühner wünschen sich eine Einstreu, die möglichst sauber ist. Von Sägespänen bis zu gehäckseltem Stroh, das sich gut kompostieren lässt, nehmen sie alles an. Der Fachhandel bietet eine Menge verschiedener Einstreuvarianten an. Probieren Sie aus, was den Hühnern und Ihnen am besten behagt. Nicht geeignet ist allerdings Rindenmulch, denn er enthält oft Giftstoffe und die können den Tieren schaden.

Die Legenester sollten mit weichem Einstreu – Heu oder gehäckseltem Stroh – gepolstert sein, um es den Hennen gemütlich zu machen. Die Eiablage kann schon einmal eine Weile dauern, und wenn Frau Henne brütet, dann auch gern im weichen Nest.

AB NACH DRAUSSEN

Fragen Sie das Huhn nach einem Spaziergang, so wird es heftig mit dem Kopf nicken – ja, nach draußen, umgraben, scharren, sandbaden!

LEBEN WIE DIE HÜHNER AUF DEN ALTEN BAUERNHÖFEN

Das ist sicher sehr romantisch. Selbst wenn Sie den Platz in der Stadt haben, sieht jedes Blumenbeet schnell gerupft aus, wenn die Hühner es unter den Krallen hatten. Es gibt richtige Weltmeister im Scharren, Flugkünstler, aber auch empfindsame Tiere mit Puschelfüßen, die sich einfach keine Schmutzfüße leisten können. Die Situation wird schnell unkontrollierbar, wenn die Hühner auch das Nachbargrundstück ins Auge gefasst oder den Straßenverkehr zum Erliegen gebracht haben, weil sie den Zaun überfliegen konnten. Überlegen Sie daher genau, wo und in welcher Form die Hühner ihre Spaziergänge machen dürfen.

MOBILITÄT IST ALLES

Mobile Hühnerhäuser geben Ihnen die Möglichkeit, das Hühnergehege von Zeit zu Zeit zu versetzen. So kann sich der Rasen erholen und den Hühnern steht immer ein Stückchen frisches Grün zur Verfügung.

So gern die Hühner auch in der Sonne liegen und ein ausgiebiges Bad genießen, so dringend brauchen sie auch Schatten und Deckung durch Sträucher und Hecken. Ihre wilden Vorfahren hielten sich vor allem im Unterholz auf, um dem Feind aus luftiger Höhe keine Chance zum Angriff zu geben.

Nadelgehölze sind robust und somit ein perfekter Unterschlupf. Himbeeren oder Brombeeren bringen auch noch Abwechselung in den Speiseplan, wenn sie im Hühnergehege Platz finden. Perfekt wäre ein Holunderstrauch, denn die Beeren gehören im Herbst zu den Lieblingsspeisen der Hühner. Ein Holzstapel oder auch ein Hackklotz könnten eine schöne Aussichtsplattform werden.

HÜHNER IM WINTER

Um es gleich vorwegzunehmen: Hühner sind robuster als Sie denken, auch wenn sie als tropische Art kein dichtes Unterkleid besitzen. Die unbefiederten Partien wie Kamm, Läufe und Kehllappen müssen allerdings der Kälte trotzen und sind anfällig für Erfrierungen, wenn Minusgrade drohen und die Haltungsbedingungen nicht stimmen. Dann läuft der Stoffwechsel der Hühner auf Hochtouren. Diese innere Heizung wird durch eine optimale Futterverwertung angefeuert, die nur mit einem entsprechenden Nahrungsangebot funktionieren kann.

FROSTBEULEN?

Eine Heizung anschaffen, damit die Hühner die eisige Jahreszeit gut überstehen? Aber ein gut isolierter, trockener, zugfreier Stall mit einer dicken Schicht Einstreu reicht völlig aus.
Hühner mit großen Kämmen oder Kehllappen haben ein Frostproblem, denn die unbefiederten Stellen sind bei massiven Minustemperaturen durch Erfrierungen gefährdet, wenn die Haltungsbedingungen nicht stimmen. Der liebevolle Halter kann diese Stellen dick mit Vaseline einreiben. Auch die Hühnchen mit den lustigen Puscheln an den Füssen sollten bei Schnee lieber im Stall bleiben, denn schnell sind aus den Federfüßen dicke Schneepuschen geworden.

FETTPÖLSTERCHEN IM WINTER

Das Wetter ist schlecht und die Hühner werden zu Stubenhockern. Sie müssen im Stall bleiben, aber auch bei den Hühnern gilt, je weniger sie sich bewegen, je schneller hat man man die Fettpölsterchen an den Hüften.
Zudem fällt, trotz erhöhtem Stoffwechsel aufgrund der Temperatur, der Energiebedarf deutlich niedriger aus, denn es werden keine zusätzlichen Nährstoffe für die Eibildung benötigt. Gönnen Sie Ihren Hühnern diese Pause, auch wenn es Ihnen schwer fällt eine kurze Zeit auf Ihr Frühstücksei zu verzichten. Das Huhn dankt es Ihnen, es bleibt länger gesund und Eileiterentzündungen sind kein Thema mehr. In dieser Zeit bildet sich der Legedarm zurück, das Huhn kann sich in Ruhe mausern. Sie schenken Ihrem Tier damit einige gesunde Jahre.
Das Winterfutter sollte sich, im Gegensatz zum Sommerfutter, nicht in der Menge, jedoch in der Zusammensetzung ändern. Weniger Eiweiß, also zum Beispiel weniger Soja, dafür mehr Mais, zugleich sollte der Calciumanteil gesenkt werden. Beides wird im Sommer auf Grund der Eibildung in höherem Maß benötigt.

Sie möchten Ihre Hühner auch im Winter zur Eiablage animieren? Dann muss der Tag durch Kunstlicht verlängert werden. Verzichten Sie auf Lichtperiode über 12 Stunden, wir sind hier nicht in der Legebatterie, denn auch Hühner haben ein Recht auf erholsamen Schlaf, allerdings sind auch Dunkelphasen unter 8 Stunden abzulehnen. Herkömmliche Leuchtstoffröhren haben auf Grund

des flackerndes Lichtes für Hühner einen Stroboskop-Effekt und liefern verwirrende Bilder und Fehlfarben. Tageslichtlampen mit einem UV-Spektrum sind ideal.
So überstehen Ihre Hühner auch den strengsten Winter ohne Schaden.

*** Winterspaziergang**
Auch im Schnee kann man als Huhn scharren und picken. Wenn nicht gerade ein Schneesturm wütet, genießen die Hühnchen den kleinen Ausflug im Winter und lassen sich nicht davon abhalten, ihre Spuren im Schnee zu hinterlassen.

FUCHS & CO.

Sicher ist nicht sicher, wenn der Fuchs in der Nähe ist, und wo ist der Fuchs nicht? Unsere Städte hat er bereits erobert. Füchse wurden auf dem Kurfürstendamm ebenso gesehen wie in München auf der Leopoldstraße. Der Fuchs ist überall!

✱ Wie man sich bettet, so liegt man

In der Freiheit würden Hühner am liebsten auf einem Baum schlafen. Einige Hühnerrassen lassen sich auch immer noch nicht vom Aufbaumen abhalten, und wären da nicht Fuchs und Marder, könnte man sie unbesorgt in den Bäumen sitzen lassen.

ER IST SCHLAU – DER FUCHS

Er findet heraus, wo Hühner sind, kann Schieberiegel öffnen und springt auf Drahtverschläge, bis sich der Draht unter seinem Gewicht herunterdrückt und eine Öffnung freigibt. Der Fuchs hüpft sogar zwei Meter hoch, nur um an ein Huhn zu kommen.

Denken Sie nicht, dass die Hühner in der Stadt sicher seien, weil Sie noch nie einen Fuchs zu Gesicht bekommen haben. Der Fuchs hat Sie sicher schon gesehen und kennt Ihre Hühner. Er wartet nur auf die richtige Gelegenheit, er ist schnell und kommt nicht nur nachts.

Es ist Ihre Aufgabe, das Gehege so sicher zu machen, dass der Fuchs keine Chance hat und seinen Hunger wieder mit Mäusen und Ratten stillen muss. Es reicht nicht aus, den engmaschigen Drahtverschlag nur bis zum Erdboden anzubringen, denn der Fuchs gräbt sich darunter durch. Auch der Marder, ein weiterer Feind der Hühner, hat damit kein Problem. Alle Eingänge, Fenster, Zugänge müssen gesichert sein.

GEFAHR BEI NACHT – DER MARDER

Nachts schleicht sich der Marder gern zu den Hühnern. Sein schlanker Körper passt durch engste Schlupflöcher und seine akrobatischen Fähigkeiten lassen ihn Bäume, Dachrinnen und Häuserwände erklimmen, wenn ihm ein königliches Mahl in Form von Hühnern in Aussicht gestellt wird. Er tötet oft alle Hühner, aber nicht aus Hunger, Mordlust oder um sich einen Vorrat anzulegen. Er tötet alles, was flattert und so seinen Angriffstrieb auslöst. Aber bringen Sie Ihren Hühnern einmal bei, im Angesicht eines Marders still zu sitzen!

GEFAHR VON OBEN – DER HABICHT

Es droht den Hühnern aber auch Gefahr von oben. Der Habicht – nur er ist groß genug, um sich an ein Huhn zu wagen – liebt Hühner aller Rassen. Der Name „Hühnerhabicht“ kommt nicht von ungefähr. In früheren Zeiten wurden allerlei wundersame Mittel ausprobiert, um den Habicht fernzuhalten: drei Habichtfedern am Baum oder gar ein ganzer Habichtkadaver an der Tür oder glänzende Metallgegenstände. Aber gegen den Habicht hilft nur eins: ein stabiles, über den Auslauf gespanntes Netz. In freier Wildbahn treffen die Hühner ihre eigenen Schutzmaßnahmen. Der Hahn warnt seinen Harem vor dem Feind aus der Luft und die Mädels haben meist die Möglichkeit, sich im Gebüsch einen Unterschlupf zu suchen. Hähne, besonders die der Kampfhuhnrassen, greifen die Greifvögel sogar an. Bei ausreichendem Platzangebot (in der Stadt leider selten) können auch mit den Hühnern vergesellschaftete Gänse oder Truthähne einen Greifvogel abschrecken.

DER FEIND, DAS WIESEL

Es fehlt ein Huhn im Hühnerstall, aber es ist kein Blut zu sehen, vielleicht nur ein paar Federn? Dann war das Wiesel zu Besuch. Gemeint ist das Große Wiesel oder Hermelin, denn das kleine Mauswiesel wird sich nur an Küken vergreifen. Aber auch dem Großen Wiesel reicht eine zwei Zentimeter große Öffnung völlig, um in den Stall zu gelangen. Das Wiesel hinterlässt kein Schlachtfeld, denn es tötet mit einem schnellen Biss ins Genick. Allerdings verschleppt es das Huhn, und das gelingt ihm nur bei nicht allzu schweren Rassen und einer ausreichend großen Öffnung im Stall.

... FINDET AUCH MAL EIN KORN

Ein Huhn pickt und es kaut nicht – dafür fehlen ihm die Zähne. Also muss der Verdauungsvorgang etwas später beginnen. Die Natur hat dafür einen Kaumagen eingerichtet, aber zuerst landet das Futter im Kropf. Dort wird es gesammelt und bei der nächsten Fresspause in schönen, kleinen Portionen über den Drüsenmagen in den Muskelmagen befördert. Er führt nun die eigentliche Kautätigkeit unter Zuhilfenahme von kleinen Steinchen durch. Die weitere Verdauung erfolgt dann, wie auch bei Säugetieren, im Dünndarm. Kot und Harn scheiden die Hühner nicht getrennt aus, also nicht wundern – es gibt nur einen grün-gelben Klecks mit weißer Harnsäure.

SELBSTVERSORGER?

Wenn Ihre Hühner könnten, wie sie wollten, würden sie den ganzen Tag im Gebüsch nach Sämereien, Grünfutter, Insekten oder Würmern scharren und sich ihr Futter selbst zusammensuchen. Aber Ihre Hühner leben in der Stadt und darum sind Sie für eine ausgewogene Futterzusammenstellung verantwortlich. Neben den Grundnährstoffen wie Eiweißen, Kohlenhydraten und Fetten braucht auch ein Huhn Spurenelemente wie Kalzium, Magnesium, Eisen oder Natrium. Sie müssen regelmäßig aufgenommen werden, um Mangelerscheinungen vorzubeugen.

LIEBLINGSSPEISEN

Ein Huhn frisst fast alles, aber es ist kein Müllschlucker. Essensreste reichen Sie bitte nur ungewürzt. Obstschalen, Gemüseabfälle oder gekochte Reste, Salataußenblätter, auch eingeweichtes Brot, Reis, gekochte Kartoffeln und Nudeln sind bekömmlich. Alle verdorbenen oder verschimmelten Speisen sind für Hühner genauso schädlich wie für Menschen.

Gerade als Einsteiger machen Sie mit einem bereits fertig gemischten Futter alles richtig. Die Standardfuttermischung enthält schon einen großen Teil der Nährstoffe, die das Huhn braucht, verfeinert mit Getreide. Besonders beliebt sind Weizenkörner, Kleie oder Maisschrot. Grünfutter wie Brennnesseln oder Löwenzahn nehmen die Hühner ebenfalls sehr gern. Damit die Damen auch genügend Kraft zum Eierlegen haben, ist Legemehl angebracht. Eine kleine Zugabe von Muschelkalk, zerstoßenen Eierschalen oder Grit erleichtert die Eiproduktion enorm. Es gibt ein paar Leckereien, die uns gar nicht schmecken, den Hühnern aber sehr wohl. Ein paar getrocknete Mehlwürmer sorgen für eine Extraportion Eiweiß und sind besonders im Winter, wenn es draußen nichts zu holen gibt, eine leckere, gesunde und eiweißhaltige Bereicherung des Speiseplans.

✱ Was und wieviel füttern?

- Zur Hälfte Kohlenhydrate (Getreide)
- Ein Fünftel pflanzliches Eiweiß (Rapsschrot)
- Ein Zehntel tierisches Eiweiß
- Ein Zehntel frisches Grün
- Zudem Fette, Mineralstoffe (Muschelkalk, Grit), Spurenelemente und Vitamine

WASSER

So eine trockene Hühnermahlzeit will aufgeweicht werden. Darum braucht das Huhn immer frisches, sauberes Wasser, und zwar viel. Es trinkt ständig und benötigt doppelt so viel Wasser wie Futter.

HÜHNERMENÜ

Idealerweise haben die Hühner Standfutter. Das heißt, dass sie ständig fressen können. Dazu ist geschrotetes Getreide ideal. Die Schrotstruktur sorgt dafür, dass die Hühner beschäftigt sind. Am Abend gibt man etwas Körner. So ist der Kropf für die Nacht gut gefüllt.

Feuchtfutter sollte immer nur soviel angeboten werden, wie die Hühner schnell fressen. Sonst kann es vor allem im Sommer schnell verderben und die Hühner schädigen.

GROSSREINEMACHEN

Sie können es nicht leugnen: Sie sind die Putzhilfe Ihrer Hühner. Die Herrschaften machen Dreck und Sie machen ihn weg. Das Kotbrett unter der Sitzstange wird jeden Morgen aussehen, als wenn Sie die dreifache Hühneranzahl besäßen, denn die Herrschaften lassen nachts so einiges fallen. Abbürsten oder fegen, möglichst täglich, reicht völlig. Einmal wöchentlich sollte man es abschrubben, um den Milben keine Chance zu geben, und beim alljährlichen Großputz desinfizieren, wie alles im Stall.

DEN SCHRUBBER SCHWINGEN

Im Allgemeinen reicht es, wenn Sie das Kotbrett täglich reinigen. Die Bodeneinstreu lassen Sie im Stall. Beim alljährlichen Großputz, der jeweils im Frühling und im Herbst stattfinden sollte, müssen Sie allerdings sämtliche Einrichtungsgegenstände entfernen. Dann können Sie den Schrubber schwingen, denn Sauberkeit heißt bei Familie Huhn Gesundheit.

Um ein Desinfektionsmittel kommen Sie nicht herum. Alle Stalleinrichtungen sollten behandelt werden. Der Stall sollte im Anschluss daran neu gekalkt und die Fensterscheiben geputzt werden. Dann können Sie die gesäuberten Einrichtungsgegenstände wieder montieren. Im Winter sollten Sie die Einstreu doppelt dick auslegen und die Nester polstern. Dann können die Hühner wieder einziehen.

GESCHIRR SPÜLEN

Es ist eine Frage der Hygiene. Auch ein Huhn frisst lieber aus einem sauberen Napf und trinkt frisches Wasser aus einer blitzblanken Tränke – ist auch gesünder. Darum sollten Sie alle Näpfe und Tränken gründlich reinigen, bevor Sie neues Futter oder Wasser einfüllen.

*** Hühnermist**
Ein hervorragender Naturdünger ist der Hühnermist mit viel Stickstoff, Phosphor und Kalium. Also entweder auf den Kompost oder gleich aufs Gemüsebeet. Besser kann man seinen Garten nicht düngen.

HÜHNERKNIGGE

Die Hühner sind angeschafft, sie haben sich eingewöhnt, sie suchen nachts ihre Schlafplätze von selbst auf oder werden von Ihnen mit ein paar Körnern gelockt – alles funktioniert reibungslos. Die Hühner haben sich an Sie gewöhnt und die tägliche Handhabung wird langsam zur Routine. Nun müssen Sie aber ein Huhn genauer untersuchen oder Sie wollen es einfach auf den Arm nehmen? Gar nicht so einfach?

WIE FANGE ICH MEIN HUHN?

Die einfachste Methode: Sie pflücken es am Abend von der Stange. Sie müssen aber tagsüber mit Ihrem Huhn zum Tierarzt oder es hat eine Verletzung, die Sie sich ansehen wollen? Fangen Sie Ihr Huhn nie im Freien, außer es ist Ihnen ausgebüchst. In diesem Fall versuchen Sie es mit einem Kescher.

Hühner sind flink und gewitzt, wenn es darum geht, Angreifern von oben zu entkommen – und zu denen zählen auch Sie. Das Huhn wird Haken schlagen wie ein Hase oder Sie flatternd attackieren, je nach Temperament. Locken Sie das Huhn am besten in den Stall und drängen es dort in eine Ecke. Sie sollten schnell und zielsicher arbeiten und sich nicht vom wilden Flügelschlagen irritieren lassen.

Versuchen Sie das Huhn von hinten zu packen. Bei Zwerghühnern können Sie mit dem Daumen und dem kleinen Finger die Flügel festklemmen. Die meisten Hühner sind nach ein paar Wochen allerdings so zahm, dass sie sich problemlos anfassen lassen.

WIE TRAGE ICH MEIN HUHN?

Die Hühnerzüchter machen es uns vor! Das Huhn lässt sich ohne jede Hektik ganz entspannt tragen, wie eine Handtasche. Es flattert nicht, es versucht nicht zu entkommen und es sitzt völlig ruhig auf der Hand des Züchters. Man kann sogar die Flügel auseinanderziehen, wie es für die Prämierung nötig ist, und es wehrt sich nicht. Wie geht das? Der Trick ist, die Beine des Huhns zwischen dem Daumen und dem Mittelfinger einzuklemmen. Dann wird das Huhn lammfromm. Lockern Sie diesen Griff allerdings, wird es schnell seine Chance nutzen und entkommen. Daher sollten Sie mit der zweiten Hand die Flügel fixieren. Sie können Ihr Tier dabei aber auch liebevoll an den Bauch drücken, den Kopf zur Körpermitte, dann fühlt es sich vielleicht geborgener.

FAMILIENPLANUNG

Es ist Frühling, die Tage werden länger, das erste Grünfutter ist im Angebot. Eins der Hühner benimmt sich jedoch auffällig, geht dem Hahn aus dem Weg und bleibt in der Nähe des Nests. Schaut man sich die Dame genauer an, so hat sie eine Art kreisrunden Federausfall an der Bauchseite, den verräterischen Brutfleck!

EI, EI, EI

Achten Sie darauf, dass die Henne sich nicht in einen versteckten Winkel zurückzieht, wo sie dann nicht aufzufinden ist. Richten Sie ihr ein verschwiegenes, abgedunkeltes Plätzchen ein und dann hockt Madame auf dem Ei oder wahrscheinlich auf mehreren.

Sie wollen sich das Vergnügen gönnen, Ihre kleine Hühnerschar um eigene Küken zu erweitern. Vergessen Sie nicht, dass das Verhältnis von Hühnern und Hähnen 50 : 50 beträgt. Klären Sie also im Vorfeld ab, was mit den Jungs passieren soll. Schauen Sie sich die Eier, die Ihre Glucke bebrüten will, genau an. Sind sie einwandfrei?

BRUTGESCHÄFT NACH HÜHNERART

Nun wird es spannend. Das Brutgeschäft ist sehr anstrengend, auch wenn es einfach aussieht, in einem weichen Nest ein paar Eier zu wärmen. Futter und Wasser stehen in der Nähe, eine gesonderte Ration für werdende Mütter. Die Glucke brütet hingebungsvoll, aber meist verlässt sie einmal am Tag zur gleichen Tageszeit das Nest. Auch eine Wöchnerin muss sich um Körperpflege und Toilettengang kümmern. Das schadet den Eiern in keiner Weise. Einen größeren Erfolg haben Sie allerdings, wenn Sie das Brutnest absperren und die Henne nur zu festen Zeiten rauslassen. Das gilt vor allem auch für Rassen, die nicht unbedingt „brutsicher" sind.

KÜKENSCHLUPF

Nach 21 Tagen ist es dann so weit – im Ei tut sich was. Mit der harten Spitze am Oberschnabel, dem Eizahn, durchbricht das Küken die Eischale, stemmt sich mit aller Kraft gegen sein winziges Gefängnis und versucht mit viel Kopfarbeit aus der engen Hülle zu entkommen. Das ist eine anstrengende Sache und das Küken braucht viele Pausen, um diesen Kraftakt zu vollbringen.
Es wird noch eine Zeit lang ein bisschen schlapp, nass und verklebt im Nest liegen. Noch ähnelt es in keiner Weise den plüschigen Federbällchen, die uns so rühren. Aber nach dem Trocknen stapft uns ein niedliches Küken auf seinen wackeligen Beinchen entgegen. Was für eine Freude!

*** Familienbindung**
In den ersten Stunden nach dem Schlüpfen der Küken findet eine Prägung statt. Glucke und Küken erkennen einander und sollten in dieser Zeit nicht getrennt werden, sonst verpassen sie den wichtigen Zeitraum der Familienbindung.

Fürsorgliche Glucke Hudern nennt man die geduckte Hockstellung, bei der die Küken bei Regen und Kälte Deckung und Wärme unter Mamas leicht gesenkten Flügeln suchen, weil die Kleinen mit ihren feinen Daunen die Temperaturregulation allein noch nicht hinkriegen.

MADAME GLUCKT

Sie haben nur Damen, aber eine von Ihnen ist nicht vom Nest zu kriegen und sitzt unbeirrt auf den unbefruchteten Eiern und bedient sich auch bei denen ihrer Freundinnen? Das Brüten ist allerdings völlig aussichtslos, denn es fehlt der Hahn und ohne den kommt aus dem Ei kein Küken. Aber sagen Sie das mal Ihrem brutlustigen Huhn!
Hat es keine Ruhe zum Brüten, wird es hoffentlich dieses Unterfangen bald wieder aufgeben. Also sollten Sie die Eier einsammeln und die gluckende Dame mehrmals täglich vom Nest nehmen und zu ihren Kolleginnen setzten. Wenn das alles nicht hilft, können Sie sie in einem ungemütlichen, kleinen Käfig separat halten und nur Legemehl und Wasser füttern. Nach ein paar Tagen hat sie ihr Vorhaben dann vergessen.

GROSSFAMILIE MIT KÜKEN

So ein wunderschöner Anblick – eine Glucke mit Ihren Küken, kleine, puschelige Knäuele, von einer liebevollen Hühnermutter behütet und beschützt. So idyllisch kann das Landleben auch in der Stadt sein. Halten Sie die neue kleine Familie unbedingt von den anderen Tieren getrennt, damit die alten Hühner die neuen Winzlinge nicht attackieren. Eine gute Kükenführerin wird die Küken davor zu bewahren wissen, aber ein bisschen Vorsicht kann nicht schaden.

1250 g

SCHULUNTERRICHT FÜR KÜKEN

Die Glucke ist Lebensmittelpunkt und gleichzeitig auch die Lehrerin der Küken, wird sie ihnen doch alles beibringen. Die Kommunikation ist ihnen angeboren, wie die Aufzucht im Brutkasten geschlüpfter Küken zeigt. Die Glucke zeigt ihren Küken aber, was man zum Leben braucht und was sich an Insekten, Sämereien, Grünzeug oder Würmern zu fressen lohnt. Sie versammelt ihre Brut im Halbkreis um sich herum, nimmt einen Leckerbissen mit dem Schnabel auf und lässt ihn anschließend wieder fallen. So werden die Küken zum Picken animiert.

KÜKENFÜTTERUNG

Die kleinen Federknäuel sind hungrig. Das Futter muss ihren kleinen Schnäbeln angepasst sein und auch ihrem Bedarf. Wollen Sie nicht auf das herkömmliche Kükenfutter zurückgreifen, so sollte ein Grundfutter aus Bruchreis, Haferflocken, geschälter Hirse und geschrotetem Weizen bestehen. Dazu können Sie ein bisschen kleingehacktes Grünfutter (Brennnessel, Löwenzahn oder Spinat) sowie eine Spur Muschelkalk reichen.

VOM FEDERBAUSCH ZUM STRUPPIGEN HUHN

Die kleinen Federbäusche entwickeln sich schnell zu struppigen kleinen Hühnern. Wenn sich das Federkleid erneuert, sollte auch das Futter angepasst werden. Die Glucke vertreibt ihre Kinderschar etwa ab der achten Woche und nimmt dann wieder am normalen Hennenleben teil, ihr Hormonhaushalt normalisiert sich.

Die Junghennen brauchen nun ein gehaltvolleres Futter. Die Haferflocken werden durch Getreideflocken ersetzt und der Grünfutterplan um kurzgeschnittenes Gras, Salate und Gemüse erweitert. Durch den Auslauf erweitert sich das Angebot von selbst.

GESUNDE HÜHNER

Vorweg sei erwähnt, dass Sie nicht davon ausgehen müssen, dass Ihre Hühner regelmäßig einen Tierarzt aufsuchen müssen. Das Huhn hat eine robuste Gesundheit und als Hühnerhalter sind Sie garantiert ein Exot, wenn Sie einmal mit einem Huhn im Wartezimmer einer Tierklinik sitzen. Also keine Sorge – es gibt nur ein paar Krankheiten, die das Huhn befallen können, vorausgesetzt es ist nicht dagegen geimpft.

IST DAS HUHN GESUND, FREUT SICH DER MENSCH

Nur das gesunde Huhn legt auch gesunde Eier und macht dem Halter Freude. Einige vorbeugende Maßnahmen sind sinnvoll und zu einigen sind Sie sogar verpflichtet.

Gegen die atypische Geflügelpest, besser als Newcastle-Krankheit bekannt, ist eine Impfung Pflicht. Tückisch an dieser Krankheit ist, dass sie sich nicht nur von Tier zu Tier oder über den Schmutz an den Füßen verbreitet, sondern über die Luft. In der 7. und in der 21. Woche wird das Küken grundimmunisiert und benötigt dann nur noch eine vierteljährliche Auffrischung, die als Impfstoff ins Trinkwasser gegeben wird. So ist ein zuverlässiger Schutz garantiert.

Die Marek-Krankheit ist eine Viruserkrankung, die durch eine Lähmung auffällt oder die Organe befällt. Vor allem junge Hühner zwischen dem 5. und 7. Lebensmonat sind gefährdet. Die Bekämpfung der einmal ausgebrochenen Krankheit ist nicht möglich. Eine Impfinjektion am Tag des Schlupfs macht die Vorbeugung jedoch perfekt.

SO GELINGT ES

Selbstverständlich werden nur gesunde Hühner geimpft, schwache oder kranke Tier erst nach der Genesung. Bei der Impfung über das Trinkwasser sollte die Verabreichung nur über ein gut gereinigtes, blitzsauberes Gefäß erfolgen. Das Wasser sollte ebenfalls sauber und gut gekühlt sein, das Gefäß keinesfalls in der Sonne stehen. Das Serum ist ebenfalls kühl und dunkel aufzubewahren. Um sicherzustellen, dass die Hühner das Wasser und mit ihm den Impfstoff auch aufnehmen, müssen die armen Tiere leider erst ein wenig durstig gemacht werden, indem man ihnen einige Stunden Wasser vorenthält. In ein bis zwei Stunden sollte das präparierte Wasser dann aufgebraucht sein und Ihre Lieblinge erfreuen sich auch weiterhin bester Gesundheit.

UNGEBETENE GÄSTE – PARASITEN

Unliebsame Mitbewohner wie Parasiten schleichen sich gern durch Ritzen in die Hühnerställe ein. Sie bevorzugen schwer zu reinigende Ecken und fallen oft vom Himmel. Das aus Quarzsand und etwas Holzkohle bestehende Sandbad befreit die Hühner nur kurzfristig von den lästigen Plagegeistern. Nachts werden sie wieder von Roten Vogelmilben, Federmilben, Federläusen oder Flöhen massiv angefallen. Diese Parasiten sind nicht nur lästig, denn sie können auch Krankheiten übertragen und machen letztendlich auch nicht vor dem Menschen halt. Während die Nordische Vogelmilbe auf dem Huhn, bevorzugt im Bereich der Kloake lebt, leben die Roten Vogelmilben im Stall und befallen die Hühner bei Nacht. Die sind im übrigen nur rot, wenn sie mit Blut vollgesogen sind. Ansonsten sind sie grau. Damit Parasiten gar nicht erst auftauchen, ist Hygiene geboten. Wenn sie erst einmal da sind, müssen Sie zu anderen Mitteln greifen. Meist sieht man, wenn »etwas« auf dem Huhn umherkrabbelt. Diese Tierchen kann man in zwei Gruppen einteilen. Federlinge oder Flöhe gehören zu den Insekten, Milben und Zecken zu den Spinnentieren. Das Huhn ist womöglich nicht ständig befallen. Flöhe und Zecken benutzen es als Schnellimbiss und sind dann wieder weg, aber die Milben sind gern nächtliche Dauergäste.

GROSSPUTZ

Die erste Maßnahme ist die mechanische Grundreinigung des Stalls – Ausspritzen, Ausflämmen, Desinfizieren, im Anschluss daran Kalken oder Einölen – alles kann helfen. Anschließend sollten Sie ein gegen Rote Vogelmilben wirksames Präparat in jede, aber auch wirklich jede Ritze stäuben. Kieselgur, ein Silikatstaub, bietet sich hier an. Seine Wirkung basiert auf einem austrocknenden Effekt bei Kontakt. Lediglich beim Einatmen ist Vorsicht geboten. Die Sitzstangen, das Kotbrett und alles, wo sich die Parasiten verstecken könnten, müssen ebenfalls behandelt werden. Leider reicht das noch nicht, denn die Eier der Milben können Sie so nicht erreichen. Also müssen Sie das Ganze in fünf bis sieben Tagen wiederholen. Bei der Nordischen Vogelmilbe muss die Bekämpfung direkt am Huhn erfolgen. Hierzu sollte man den Tierarzt aufsuchen, der passende Präparate hat. Bewährt haben sich Tropfmittel, die direkt auf die Haut gegeben werden. Bei der Anwendung sollten unbedingt undurchlässige Handschuhe getragen werden.

MECHANISCHE HINDERNISSE

Da die Milben tagsüber in ihren Schlupfwinkeln ruhen, kann man ihnen zusätzlich auch noch den Weg zu den Hühnern versperren, indem man ein doppelseitiges Klebeband am Ende der Hühnerstange befestigt – ein unüberwindliches Hindernis, zumindest für eine Milbe.

DAS HUHN MAUSERT SICH

Das Huhn sieht aus wie ein aufgeplatztes Sofakissen, zerzaust, zerrupft und die Federn fliegen umher – nun ist Federwechsel angesagt. Auch bei einem Huhn verschleißt das Federkleid und muss durch ein neues ersetzt werden. Entsprechende Hormone steuern die sogenannte Mauser und wie bei den Milchzähnen schiebt die neue Feder die alte einfach weg. Diese Mauserhormone werden meist im Herbst aktiv, gesteuert durch Tageslänge und Lichtintensität, Futterangebot und Temperatur.

✱ Neue Federn – warum?

So viel Aufwand für ein paar neue Federn? Die alten sahen doch noch gut aus! Aber ein mangelhaftes Federkleid kann nicht vor Kälte, Sonneneinstrahlung und Nässe schützen. Es kann auch keine Verletzungen »abfedern«. Darum findet alljährlich eine Runderneuerung statt!

ZERRUPFTES HUHN

Die Mauser ist eine heikle Zeit für jedes Huhn und so stellen die Henne nun das Eierlegen meist ganz ein. Um neue Federn und Eier zu produzieren, reicht die Energie nicht. Damit die neuen Federn in ganzer Pracht erstrahlen können, müssen Sie Ihre Hühner sehr ausgewogen füttern, mit Vitaminen, Aminosäuren, Spurenelementen und Mineralien. Die herkömmlichen Körnermischungen reichen hier nicht mehr aus, um den Organismus mit allem zu versorgen, was er braucht. Wasserlösliche Futterzusätze schaffen Abhilfe, aber auch die Gabe von Grünfutter, Eifutter und Kieselerde tut dem Huhn gut.

Nachdem das arme Hühnchen etwa vier bis sechs Wochen lang struppig und unansehlich war, trägt es anschließend sein funkelnagelneues Federkleid mit Stolz und Würde.

GUT GEFETTET

Damit die Federn elastisch bleiben und Wasser abweisen können, ziehen die Hühner mit unglaublichen artistischen Fähigkeiten jede Feder einzeln durch den Schnabel und fetten sie dabei mit dem Sekret der Bürzeldrüse ein. Dafür möchten sie völlig ungestört sein und sich sicher fühlen, denn wenn sie verrenkt auf der Seite liegen und ihre Bauchfedern kämmen und fetten, dann fühlen sie sich hilflos.

ALTES HUHN, WAS NUN?

Ein heikles Thema – was macht man mit einem alten Huhn? Der Hobbyhühnerhalter wird sicherlich sagen: liebhaben und neue Hühner anschaffen, die dann das Frühstücksei liefern. Wer wirtschaftlich denkt, wird das Huhn beizeiten in einen Braten verwandeln. Wir trafen bei unseren Recherchen auch auf Halter, die ein Hühnergericht nicht verschmähten, aber kaum auf jemanden, der selber schlachtet. Auch die Auswahl, welches Huhn denn nun sein Leben lassen soll, um auf dem Teller zu landen, fiel den Haltern schwer.

ALT WIE METHUSALEM

Mag man sich nicht von seinem Huhn trennen, wenn es nach zwei, drei oder manchmal auch mehr Jahren das Eierlegen einstellt, so kann man noch viele Jahre Freude an einem gesunden, fröhlichen Tier haben.
Zehn Jahre sind dem Huhn mindestens gegeben. Und auch unter den Hühnern gibt es welche, die allen Gefahren zum Trotz alt wie Methusalem werden – 14 oder 16 Jahre, manchmal sogar noch älter?

HÜHNERGERICHT

Der Platz ist rar, das Huhn legt keine Eier mehr und der Halter denkt wirtschaftlich – also muss das Huhn weg. Aber wie sieht »weg« aus? Selber schlachten? Das bringt kaum jemand übers Herz! Der Ausweg aus diesem Dilemma: Man gibt das Huhn zur Schlachtung in einen von der EU zugelassenen Schlachthof. Ein paar gute Worte, dann bekommt man vielleicht Hühnerfleisch, das nicht vom eigenen Huhn ist! Manch einem schmeckt ein Huhn, das man nicht kannte, einfach besser.

✱ Guinessbuch der Rekorde

Mathilde, mit 16 Jahren als älteste Henne ins Guinessbuch der Rekorde eingetragen, arbeitete als Assistentin bei einem Zaubertrick und tauchte als lebendiges Huhn aus einer Pfanne mit einem aufgeschlagenen Ei auf. Selbst legte sie nie Eier, wurde verwöhnt und verhätschelt. Wurde sie deswegen so alt? Es kursieren aber noch Gerüchte um Grandma, eine Henne aus Basingstoke, die angeblich 21 Jahre alt ist und immer noch ab und zu Eier legt. Unglaublich!

STADTHUHN-PROJEKTE

SIE SIND BEREIT FÜR EINE TIERISCHE HERAUSFORDERUNG? Wollen Sie sich eine kleine Hühnerherde zulegen? Dann sind Sie mit Ihren Fragen am besten bei Hühnerhaltern aufgehoben, die ebenfalls Hühner in der Stadt pflegen. Nun gut, Barbara Streisand oder Gisele Bündchen konnten wir nicht zu einem Porträt überreden. Sie sehen aber, Sie sind in prominenter Gesellschaft. In Berlin sind bereits 10.000 Hühner registriert – es ist die Hauptstadt der Stadthühner. Aber die anderen Städte ziehen nach. Versteckt in den grünen Höfen der Stadt Stuttgart leben Hühner, genauso wie in München, Hamburg oder Bremen. Wen wundert es, denn Hühner sind stadttauglich – wir hatten es nur vergessen.

DIE KINDERGARTENHÜHNER AM STEINPARK

Wo sind sie denn, die Hühner? Es sind nur Kinder zu sehen, viele Kinder, Kinder im Krippenalter, Kindergartenkinder, Hortkinder. Sie alle kommen zusammen, in der Lebenshilfe am Steinpark, mitten in der Stadt Freising. Ein großer Spielplatz, ein Hühnerstall, ein kleines Mädchen, das zusammen mit der Erzieherin die Hühner füttert, am Zaun lustige, bunte, bepflanzte Gummistiefel. Dies ist das Zuhause von drei Zwerg-Brahma-Hennen, einem stolzen Hahn und zwei Araucana-Hennen. Hier möchte ich auch Huhn sein.

PROBLEM GELÖST

Probleme mit den Nachbarn? Mit den Eltern? Mit den Kindern? Die scheinen nicht unlösbar zu sein. Lediglich einmal fühlte sich ein Nachbar durch den krähenden Hahn gestört. Aber auch er konnte sich dem Charme der Hühner nicht entziehen und toleriert seither den Weckdienst. Die Eltern tragen das Projekt mit, haben dabei geholfen den Stall zu bauen, und die Kinder sind sowieso begeistert.
Die Gruppen wechseln sich im gleichmäßigen Turnus mit der Pflege ab, dürfen auch die Eier verarbeiten, wobei die grünen Eier der Araucana besonders begehrt sind. So bekommen die Kinder spielerisch ein Gefühl für die Tiere, beobachten das Verhalten und übernehmen ganz selbstverständlich und mit Freude die Verantwortung, die damit verbunden ist.

Einige Kinder haben ein ganz besonderes Gespür für die Hühner und sind richtige Hühnerflüsterer. Man merkt dem Huhn an, es fühlt sich auch auf dem Arm wohl, obwohl es eigentlich kein Kuscheltier ist.
Ja, sogar gebrütet wird am Steinpark. Die Henne sitzt eisern auf ihren Eiern, gänzlich unbeeindruckt von dem ganzen Kindertrubel um sie herum. Auch ihre Kumpanen suchen völlig frei von Aggressionen und ohne Stress im Gebüsch ihr Futter und tolerieren gelegentliche Fangversuche lässig. Glückliche Hühner zusammen mit glücklichen Kindern und manchmal kann man nicht unterscheiden, wer jetzt hier gackert. Zudem verständnisvolle Anwohner, was will man mehr? Ein wunderbares, rundum gelungenes Projekt, absolut nachahmenswert!

*** Testen erlaubt!**
Das Projekt Kindergartenhühner wäre interessant, aber Sie sind unsicher, ob das funktionieren könnte? Mieten Sie eine kleine Hühnerherde für einige Wochen – mit Stall und allem was dazu gehört. Wenn die Hühnerhaltung reibungslos funktioniert, steht eigenen Hühnern nichts im Wege.

DIE FEDERBÄLLE VON FREISING

Plüschige Federbälle auf einer Gänseblümchenwiese, das ist der erste Eindruck, wenn man die Zwerg-Cochin-Hühner von Karl Stadler in Freising sieht. Dann fällt auf, dass sich zwei Hähne offensichtlich ganz selbstverständlich die Hühnerherde teilen, ohne Stress und ohne Lärm!

IDEALBESETZUNG

Die Cochin verhalten sich sehr nachbarschaftsfreundlich und manch einer war verblüfft, dass er diese Freisinger Siedlung mit vielen Hühnern teilt, von denen er bis dahin keinen Mucks gehört hat. Die Idealbesetzung für den Städter, vorausgesetzt er besteht nicht auf das tägliche Frühstücksei. Das wäre wirklich zuviel verlangt, schön, leise und noch nützlich und produktiv! Aber ansonsten sind die Zwerg-Cochin ausgesprochen lustig mit ihren runden Popos, liebenswert mit ihrem angenehmen Wesen, tolerant gegenüber einem zweiten Hahn: Sie haben keine Ambitionen zu fliegen und sind genügsam, was das Platzangebot betrifft.

Im Stall von Karl Stadler tummelt sich auch noch der Nachwuchs. Sie sehen aus wie aus einem Comic, die kleinen Hühnchen, noch etwas struppig im Federkleid, aber wachsam und neugierig. Die Hühnerschar wird also sicherlich nicht kleiner werden – die Hühnerherde verkraftet das und die Nachbarn auch.

HÜHNERGEGACKER IN DER HOFEINFAHRT

Bei Familie Bartoschek geht es turbulent zu. Drei Kinder und zwei Hennen gackern in einer Hofeinfahrt mitten in München um die Wette. Die beiden Zwerg-Welsumer-Damen sind gelassen, picken zwischen Fahrrädern und Schaukeln, scharren in der Einfahrt und besuchen auch die Nachbarschaft oder den Schlosser um die Ecke. Der Umgang mit dem Federvieh ist für die Kinder ganz selbstverständlich – er gehört zum täglichen Leben.

KINDHEITSERINNERUNGEN

Die Idee, sich neben drei Kindern auch noch Hühner anzuschaffen, kam Kerstin Bartoschek, als sie aus dem Rheinland nach München zog. Ihr Haus hat neben der Garage eine eigenwillige Nische ins Freie – der ideale Auslauf für Hühner. Warum Hühner? Kindheitserinnerungen! Die Seidenhühner aus der Kindheit hatten sich ins Herz gebrannt. Nun sollten wieder Hühner einziehen. Bücher wurden gewälzt, das Internet frequentiert, mit Züchtern gesprochen. Vier Welsumer in Zwergengröße wurden erwählt, um das Leben mit der Familie zu teilen. Leider haben zwei von ihnen im Lauf der Zeit ihr Leben lassen müssen.

Die Garage wurde zum Hühnerstall, das Auto musste draußen bleiben und ein Durchbruch zum kleinen Auslauf war schnell gebaut. Der Kaninchenstall wird das Heim für die Nacht, drei Holzkisten die Nester zur Eiablage. Und dann ist Staunen angesagt. Die Eier der Zwerg-Welsumer-Damen sind keinesfalls zwergenhaft, sondern gigantisch. Sie sind ja keine Legehybriden, aber jeden zweiten, dritten Tag ein solch großes Ei zu produzieren, das ist schon eine Leistung.

Doch auf die Eier kommt es der Familie gar nicht an. Sie sind eine schöne Beigabe und die Hühner müssen sich ihr Leben nicht mit dem Frühstücksei verdienen. Sie sind Teil der Familie, haben sich ganz selbstverständlich integriert und haben wie jedes andere Familienmitglied Namen. Sehr schöne, ungewöhnliche Namen! Wir verabschieden uns mit einem Lächeln von den Damen des Hauses, von Kerstin, Johanna, Barbara, der kleinen Christina und von der Gackerliese und der Baumwurzel, den beiden Hühnern, die fröhlich scharrend im Gebüsch verschwinden.

KEINE OLYMPISCHEN AMBITIONEN

Das Olympiastadion in Berlin ist um die Ecke, aber die Hühner der Familie Burre in Berlin haben keine olympischen Ambitionen. Seelenruhig und entspannt picken die Zwerg-Wyandotten im Grün, schauen sich die Besucher an, ziehen weiter des Wegs. Die vier Damen sind ausgesprochen hübsch, die eine schwarz, die andere blau und noch zwei gestreift.

EINEN HAHN …

… gibt es nicht mehr, der musste leider die »Mädels« verlassen, weil er einfach zu laut war. Aber die vier sind auch ohne ihn glücklich. Die Familientherapeutin Frau Burre hat nun wieder das Sagen, hatte doch der Hahn das Regiment zu übernehmen versucht und auch ihre Autorität infrage gestellt. Seine Hühner hörten nur auf ihn, da gab es keine Diskussion!

Hühner gibt es hier schon seit über zehn Jahren und die älteste Henne ist elf Jahre alt geworden, ein echter Trauerfall, als sie dann eines Tages tot im Stall lag. Leider haben nicht alle Hühner das Glück, bis ins Greisenalter zu leben – auch hier hat sich der Fuchs schon Hühner geholt. Ein furchtbares Drama, dachte man doch, man hätte den Stall und den Auslauf genügend abgesichert. Nun ist alles sicher wie Alcatraz und der Fuchs

muss sich sein Abendessen woanders suchen. Als die Hühnermädels ganz frisch eingezogen waren und am Abend einfach verschwanden, war der Schreck groß, denn man dachte an die üblichen Verdächtigen – an Fuchs und Hühnerhabicht! Aber nein, die Damen hatten sich an ihre alten Gewohnheiten erinnert und schliefen seelenruhig in den Bäumen. Hier kann das Huhn noch Huhn sein, scharren, sich sonnen und zwischen den Beinen der Besucher umherlaufen. Man kann sich dem ruhigen Wesen der Tiere nicht entziehen, schaut ihnen zu und entspannt sich.

HÜHNER IM SCHWEDENHAUS

Zuerst war das Hühnerhaus da, eine hübsche, kleine schwedische Hütte, in den Farben Rot und Weiß, mit allen Schikanen versehen. Wassertank, Futterautomat, sensorengesteuerte Tür, Sommer- und Wintergiebel und noch vieles mehr. Ein Geschenk ihres Manns an Frau Buchwald aus Zehlendorf.

BERLIN CHICKS

Hühner hätte es schon immer gegeben, mit manchmal langen Lücken dazwischen, aber immer wieder. Das alte Hühnerhaus gab es ja auch noch, doch war es von Kaninchen besetzt. Die Katze, nein, die hat kein Interesse, nur der große Hund linst ab und zu mal interessiert herüber, aber er ist gut erzogen und hält sich zurück. Was man allerdings vom Fuchs nicht behaupten kann. Er schaut regelmäßig vorbei, ob man nicht vergessen hat die Hühner einzuschließen. Auf den Draht springen und ihn herunterdrücken hat doch bei den Kaninchen auch einmal geklappt. Aber die Hühner sind gut gesichert und verlassen ihr Gehege nur, wenn jemand im Garten ist. Ohne auch nur von den Besuchern Notiz zu nehmen spazieren sie unbeirrt umher, die drei New-Hampshire-Hennen und die beiden Bielefelder Kennhühner. Auf unsere Frage, ob denn die Hühner ihr Gnadenbrot bekommen, erfahren wir, dass es Frau Buchwald ganz normal findet Hühner zu essen – auch die eigenen. Schließlich haben sie ja ein tolles Leben gehabt, aber welches nun in den Topf soll, das will wohl doch keiner entscheiden.

chicken treats
chicken treats
Hühnerleckerbissen

HÜHNER IM SCHATTEN DES FUNKTURMS

Die alte Berliner Rennstrecke Avus, jetzt A 115, geht direkt am Haus vorbei. Den Funkturm sieht man zwischen den Bäumen. Hier in der Eichkampsiedlung wohnen Hühner, 14 Zwerg-Wyandotten in allen Farben. Der Hahn macht aber aufgrund seines geringen Alters noch keine Anstalten zu krähen.

HÜHNERPARADIES

Der Stall ist vorbildlich gesichert. Ein Netz zieht sich über den ganzen Bereich, auch von oben hat hier kein Feind eine Chance. Der Fuchs wird schon ab und zu mal gesehen, aber nicht nur der hat Tricks auf Lager. Ein Radio täuscht menschliche Anwesenheit vor und der Fuchs ist irritiert. Bis jetzt hat das geklappt – noch keine Übergriffe von Meister Reineke.

Das wird hoffentlich auch so bleiben. Die Hühner sind entzückend, werden liebevoll gepflegt und gehegt, ja, man könnte sagen verwöhnt. Viele Einmachgläser sind mit allen möglichen Köstlichkeiten gefüllt, Knoblauchgranulat und Legefutter. Draußen lassen sich die Mädchen Äpfelchen am Spieß schmecken, drinnen sitzt eine Dame auf dem Nest.

Die Halter sind Neulinge und haben die Hühner erst seit einem Jahr. Aber auch das verlief nicht ohne tragische Vorfälle. Nicht der Fuchs hat gewütet, sondern Giftstoffe, die im Rindenmulch versteckt waren. Der fatale Fehler hat zu großen Verlusten geführt und gehört unbedingt erwähnt. Uns wird ein Hühnerparadies in Erinnerung bleiben, mitten in Berlin, mit Liebhabern, die Spaß an ihren Tieren haben, und Hühnern, die es wirklich gut getroffen haben. Sie werden hier wohl ihr Dasein fristen, bis sie von der Stange fallen. Auf unsere Frage, was denn mit den Hühnern geschehe, wenn sie nicht mehr legen, haben wir nämlich nur einen verständnislosen Blick erhalten. Die Eier sind doch nicht das Wichtigste.

STEGLITZER STADTHÜHNER

Lässig, wie die Hühner des Schulhausmeisters Karnitzschky so über die Straße gehen. Eins nach dem anderen hüpft auf den Zaun, springt auf den Stein und macht sich auf den Weg. In 25 Jahren habe man ihm dreimal ein Huhn überfahren, sagt er, der Herr über 14 Hühner.

DER HERR DER HÜHNER

Den Titel muss er sich allerdings mit einem Gockel teilen. Der geht nicht in den Park auf der anderen Seite der Straße. Der Hahn verweilt im Gehege, spaziert umher und schaut seinen Damen nach, die ganz selbstverständlich die Straße überqueren. Die Autofahrer wissen schon um die ungewöhnlichen Spaziergänger und fahren vorsichtig. Die schwarzen Araucanarinnen sind die mutigsten. Die wurden schon drei Straßen weiter gesehen. Der Hahn ist kein Problem für die Nachbarschaft, aber eine Weile hätte er zwei Hähne gehabt und da habe sich eine Nachbarin beschwert. Daraufhin ist er dann in die Küche gegangen, hat ein langes Messer geholt und die Dame gefragt, welcher denn der Übeltäter sei. Ein empörter Aufschrei, was er denn mit dem Messer wolle! Die Dame zog alle Beschwerden zurück und es folgte über einen längeren Zeitraum eine anonyme Futterspende. Ansonsten leben alle in Frieden zusammen, die Hühner, der Hahn, gern auch Küken, die beiden Hunde, die Kinder der Grundschule Steglitz und die Nachbarn. Allein das ist schon erwähnenswert. Wenn man sie so sieht, die Hennen, wie sie zwischen den Autos ganz gemütlich auf die andere Seite der Straße laufen, dann wünscht man sich mehr solche ungewöhnlichen Hühnerhaltungen.

ARAUCANA-HÜHNER IN MARZAHN

Man trägt Backenbart, zumindest, wenn man ein Araucana ist. Das Huhn muss etwas ablenken von der Tatsache, dass weder das weibliche noch das männliche Tier einen Schwanz hat. Also lenkt es alle Blicke auf den imposanten Bart und auf die lustigen Bommeln.

ATTRAKTION IN GRÜN

Man muss mit den Pfunden wuchern, die man hat, und kein Mensch redet mehr über den fehlenden Schwanz. Zudem kann man als echtes Araucana noch etwas Ungewöhnliches: Man macht dem Osterhasen Konkurrenz und legt grüne Eier. Das soll mal einer nachmachen! Aber man hat ja auch grüne Füße, ist also sowieso etwas Besonderes.

Die Herrschaften wohnen bei Familie Poschmann in Marzahn. Von Hochhäusern umgeben, teilen sie sich ihr Reich mit vielen anderen Tieren wie Tauben, Kaninchen, Meerschweinchen, Hunden, Katzen und vielen anderen Hühnern.

Hühner waren immer schon da, eigentlich war alles immer schon da. Das scheint in der Familie zu liegen, denn auch der unmittelbare Nachbar, der Bruder, hält Tiere. Die Tante hätte das älteste Huhn gehabt, von dem er je gehört habe. Nein, nicht zehn oder elf Jahre, wie es die Literatur immer erwähnt, sondern ganze 17 Jahre. Ein Methusalem-Huhn, älter als das älteste Huhn im Guinessbuch der Rekorde. Diesen Rekord gilt es einzustellen. Aber ebenso selbstverständlich, wie die Hühner anwesend sind, werden sie auch genutzt. Die Eier wie auch das Huhn selbst.

485

NEUKÖLLNER GOCKEL

Berlin, 4 Uhr in der Frühe, es kräht ein Hahn. Wir haben uns auf die Suche gemacht und ihn sofort entdeckt, in der winzigen Schrebergartensiedlung in Neukölln.

DIALOG MIT DEM GARTENZWERG

Der Hahn lebt in der Schrebergartensiedlung mit einer einzigen Henne und zwei Laufenten. Fröhlich läuft er auf und ab, schaut uns an und ruft seine Henne, die aber keine Lust hat darauf zu hören. Er scheucht die Laufenten ein bisschen, wenn sie seinem Futter zu nah kommen, und hält Zwiesprache mit dem Gartenzwerg. Er freut sich seines Hahnenlebens, denn für einen Hahn ist ja auch das nicht selbstverständlich.
Leider trafen wir auch nach mehreren Anläufen den Halter nicht an, haben aber von den benachbarten Schrebergärtnern erfahren, dass dieser prunkvolle Hahn gern gesehen ist. Die Kinder freuen sich, wenn er am Zaun zur Straße auf und ab geht. Sie füttern ihn wie auch seine einzige Henne, und die Anwohner zeigen sich offensichtlich tolerant. Ein schönes Nebeneinander!

HÜHNER IN DER EINFLUGSCHNEISE

Wer sollte sich hier schon über einen krähenden Hahn beschweren, in der Einflugschneise des Tegeler Flughafens? Da dürfen es sogar mehrere Hähne sein und viele Hühner, da kann sogar gezüchtet werden!

ÜBERFLIEGER

In Berlin waren die gesetzlichen Bestimmungen für Tierhaltung in den Schrebergartenkolonien schon immer lockerer. In manchen Anlagen leben die Besitzer das ganze Jahr über und in dieser hier leben Hühner. Die hübschen Wyandotten haben kein Problem mit dem Fluglärm, zucken nicht einmal zusammen, wenn eine Maschine über ihren Köpfen vorbeifliegt. Sie entwickeln sich so gut, dass der Züchter, Herr Fürch, schon so viele Preise mit ihnen gewonnen hat, dass er die Trophäen aus Platzmangel in der Abstellkammer stapelt.

Aber auch hier ist der Fuchs ein Thema, wie bei allen Hühnerhaltern. Immer wieder erfährt man Erstaunliches von Füchsen, die zwei Meter hoch springen und welchen, die Verschlussriegel zur Seite schieben. Aber die Zucht von Herrn Fürch ist ein Hochsicherheitstrakt. Hoffentlich findet der Fuchs kein Schlupfloch, denn es wäre wirklich jammerschade um diese entzückenden Hühner.

Wir sind hier bei einem Züchter mit vielen Tieren. Also fragen wir nach, ob denn die Hühner auch als Sonntagsbraten herhalten müssen, und erfahren Erstaunliches. Die Hühner werden geschlachtet, aber frisch mag sie die Dame des Hauses nicht essen. Erst wenn sie eingefroren waren und somit eine Weile nicht präsent, ist die Anonymität groß genug und das Huhn wird zur Mahlzeit. Manchmal braucht man eben ein bisschen Abstand ...

ZUERST WAREN ES NUR FÜNF...

Auch in Friedrichshafen ist das Huhn los. Familie Blinka stand den gekauften Bio-Eiern kritisch gegenüber und wollte anfangs nur ein paar »gute« Eier auf dem Frühstückstisch haben. So beschlossen die Blinkas, den kleinen verfügbaren Platz mit fünf Hennen zu teilen.

FÜNF, SECHS, VIELE ...

Es klappte ganz wunderbar mit den Hühnern, die Nachbarn waren tolerant und die Nachfrage wurde immer größer, nachdem jeder einmal ein »gutes« Ei kosten durfte. Also wurden mehr Hühner angeschafft und mehr Platz gemacht und noch mehr Hühner angeschafft und noch mehr Platz gebraucht. Aus den Stadthühnern wurden Landhühner und aus fünf Hühnern eine ganze Hühnerschar.

Der Nachfrage nach Eiern schloss sich dann auch die Nachfrage nach Hühnerfleisch an. Es war klar, das Ganze läuft in Richtung Hühnerzucht. Aus dem Hobby wurde ein Beruf. Man spezialisierte sich auf eine Rasse, die Sundheimer sollten es sein – ein Huhn, das nicht nur das Auge erfreut, sondern auch den Magen. Es legt viele Eier und schmeckt sehr gut. Zudem tut man auch noch etwas für die Erhaltungszucht, denn das Sundheimer Huhn steht auf der Roten Liste der Gesellschaft zur Erhaltung alter und gefährdeter Nutztierrassen.

BRUDER HAHN

Zur Hühnerzucht gehört ein Brutgeschäft, und ob ein Hahn oder eine Henne im Ei sitzt, wird bis zum Schlupf ein Geheimnis bleiben. Die Brüder der Legehennen sollen ebenfalls ein schönes Leben haben, auch wenn es aus Haltungsgründen nicht ganz so lang dauern kann. Aber ein glückliches halbes Jahr ist ihnen gegeben, in dem sie wie ihre Legehennenschwestern im Gras picken und scharren können. Wenn sie vier Monate alt sind und zu krähen beginnen, wird es daher ein bisschen laut bei Familie Blinka. Dann sind auch die Nachbarn manchmal etwas genervt.

HÜHNERHÜTEN LEICHT GEMACHT

Entspannt geht es hingegen bei der Kombination Kind und Huhn zu. Die friedlichen und freundlichen Sundheimer vertragen sich gut mit den drei Kindern. Es ist eine Wonne, der jüngsten mit ihren zwei Jahren beim Umgang mit ihren Küken zuzuschauen, während der größere Bruder lässig alles im Griff hat.
Das Fazit von Steffi und Lukas Blinka: Wir finden, Hühner zu halten ist einfacher, als man denkt. Es gibt nichts Schöneres, als am Morgen Frühstückseier vom eigenen Huhn zu essen! Na denn, guten Appetit!

RENT A CHICKEN

Alles was wir nicht regelmäßig brauchen oder was in der Anschaffung zu teuer ist, kann man mieten, leasen, leihen. Und man kann auch Hühner leihen. Einige kreative Bauern haben den Trend der Zeit erkannt und vermieten Hühner auf Zeit.

ZIGEUNERHÜHNER

Mit Sack und Pack, mit Einstreu und Hühnerhaus ziehen sie ein, die Hühner. Je nach Buchung für eine Woche oder auch einen ganzen Monat. Mit einem Netz gegen Angreifer von oben und einem Zaun drumherum, damit sie nicht über ihre Eingrenzung hinaus spazieren. Sie sind das Zigeunerleben gewohnt, das Hühnerhaus ist vertraut, das Übrige auch in ein paar Tagen.
Eine Bindung an die Gastgeber kann so nicht erreicht werden, aber für die Kurzzeithalter ist es eine gute Idee, wenn man sich nicht sicher ist, ob sich das Hobby für die Familie eignet. Nach dem Testdurchlauf kann man sich entscheiden. Oft verbringen die Hühner auch einige Tage in Altenheimen und wecken Erinnerungen, gerade bei Demenzkranken, die sich an die Zeit besinnen, in der sie womöglich selber Hühner hielten. Die Hühner sind auch gern gesehene Gäste in Kindergärten und vermitteln den Kindern eine Idee vom Landleben. Oder sie demonstrieren auf Veranstaltungen über Tierhaltung, wie schön und interessant so ein Huhn sein kann.

MIETHÜHNER

Wer es weniger auf den Kontakt mit den Tieren abgesehen hat und lediglich auf ein frisches Ei spekuliert, der kann auch ein Huhn auf dem Bauernhof »mieten«. Ob dann allerdings die Eier tatsächlich von diesem Huhn stammen, wer kann das sagen? So eine Henne teilt ja ganz gern mal das Nest mit anderen Damen und da muss man wohl eine gewisse Großzügigkeit walten lassen. Nur das ist gewiss: Das Ei ist frisch, dem Huhn geht es gut, der Bauer bekommt einen fairen Preis, was will man mehr? Man trägt sozusagen die moralische Verantwortung für das Huhn, kann ihm einen Namen geben und erhält etwa fünf Eier in der Woche, zur Not auch per Post. Einige Bauern gewähren eine Art »Besuchsrecht«, sodass auch der persönliche Kontakt zum Tier nicht zu kurz kommt und man sich mit eigenen Augen davon überzeugen kann, dass man Eier vom glücklichen Huhn erhält. Für Kinder aus der Stadt ist das sicherlich eine gute Möglichkeit, um sich über die Herkunft der Lebensmittel zu informieren.

Was allerdings ein bisschen zu kurz kommt, ist die Bindung zum Huhn und die Möglichkeit, das lustige Hühnertreiben täglich zu erleben. Aber auch das soll nun die moderne Technik ermöglichen. Es gibt Live-Streams, die das Hühnerleben des Miethuhns übertragen und ganz indiskret sogar ins Nest schauen. So kann man bequem von Zuhause aus bei seinem Huhn vorbeischauen, ohne sich schmutzige Füße zu holen und ohne das Haus zu verlassen. Urbane Hühnerhaltung für den Städter!

RETTER IN DER NOT

Es gibt sie, die Retter in der Not, die ausgemergelte Legehybriden aufnehmen, ihnen ein artgerechtes Zuhause bieten und einfach nur Freude daran haben, wenn es dem Huhn gut geht.

*** Masthybriden**
Die Hybridhühner sind eine Mischung aus den unterschiedlichsten Rassen, die mit extrem hoher Legeleistung und schnellem Fleischansatz auf Effektivität gezüchtet wurden. Sie erfüllen die Kriterien der Industrie, aber die Industrie erfüllt leider in den seltensten Fällen die Kriterien, die für das Wohlbefinden der Tiere von Bedeutung sind.

HOCHLEISTUNGSHENNEN

Die Hochleistungshennen werden nur drei bis fünf Jahre alt, wenn sie nahezu täglich ein Ei produzieren müssen, um wirtschaftlich zu sein. Die körperlichen Ressourcen sind durch diese unnatürlich hohe Eierproduktion schnell verbraucht. Nimmt diese Leistung mit den Jahren ab, kommt das Huhn zum Schlachter oder es wird gerettet!
Hübsch sind sie nicht, die Hochleistungshennen. Zerrupft, erschöpft und völlig paralysiert beäugen sie vorsichtig ihre Umwelt, wenn sie aus den Legebatterien in ein adrettes Hühnerhaus kommen. Stück für Stück müssen sie sich ein normales Hühnerleben zurückerobern. Sie lernen wieder zu scharren und in der Sonne zu baden, picken versuchsweise an einem Grashalm, verfolgen den Halter anhänglicher als jeder Hund und sind so rührend unbedarft, das man sie einfach lieben muss.

HÜHNERGESCHICHTE(N)

DEM KRIEGSGOTT GEWEIHT

Die Römer weihten die Hühner dem Kriegsgott Mars und schätzen die Kampfeslust und den Mut der Hähne. In Griechenland weihte man Kampfhähne der Göttin Pallas Athene, persische und später gallische Krieger führten den Hahn wegen seiner Tapferkeit und Wachsamkeit als Feldzeichen mit. Im Barock wurden die Hühner dann zu Schmuckstücken und stolzierten in den wunderschönen bepflanzten Parkanlagen umher.

EIERFARBE

Weiß oder Braun, das ist hier die Frage. Die Inhaltsstoffe sind die gleichen, alles eine Frage der Optik. Die Hühner mit den braunen Ohrlappen legen braune Eier, die mit den weißen Ohrscheiben legen auch weiße Eier. Dann gibt es noch ganz außergewöhnliche Hühner, die Araucana, die grüne Füße haben und grüne Eier legen, oder die Marans, deren Eier aussehen wie Schokoladeneier.

HABEN GRÜNE EIER WENIGER CHOLESTERIN?

Leider nein, hat eine Untersuchung der Bayrischen Landesanstalt für Tierzucht ergeben, es ist nur so, dass die grünen Eier generell leichter sind, daher ist auch in einem Ei weniger Cholesterin enthalten, nicht jedoch prozentual. Schade!

DEN SONNENGOTT ANKÜNDIGEN

In Ägypten verehrte man die Hähne, weil sie morgens den Sonnengott ankündigten. Im Land am Nil züchtete man bereits in großen Brutöfen Küken. Es waren auch die Ägypter, die vor allem das Haushuhn nach Südeuropa exportierten.

HÜHNERMIST

Ein hervorragender Naturdünger ist der Hühnermist mit viel Stickstoff, Phosphor und Kalium. Also entweder auf den Kompost oder gleich aufs Gemüsebeet. Besser kann man seinen Garten nicht düngen.

KRÄHEN IN ANDEREN SPRACHEN

Der deutsche Hahn sagt„kirerikie", das wissen wir alle, aber die Hähne können auch andere Sprachen, so macht der Franzose „cocorico", der Littauer Hahn „kakarieku", der russische Hahn kräht hingegen „kukkareku", auf englisch heißt es „cook-a-doodle-doo", auf türkisch „üü-rü-ü" und auf persisch „ghughuli-ghu". Die Frage ist nur, hör sich das tatsächlich auch so anders an?

AIRCONDITIONING

Der Kamm und die Kehllappen der Hühner sind eine Art Airconditioning. Die Hühner geben über diese nicht befiederten Körperteile Hitze ab und kühlen so ihre Bluttemperatur. Hühner die aus kälteren Gegenden kommen haben somit einen kleineren Kamm und kleinere Kehllappen, die aus heißen Herkunftsgebieten größere. Kräftig rot gefärbte Kämme deuten auf ein gesundes Tier hin.

WETTERHAHN

Drei mal hat der Hahn gekräht, bevor Jesus von Petrus verleugnet wurde, das machte ihn zu einem christlichen Symbol und die Kirchen in Europa trugen den Hahn als Zeichen der Wachsamkeit auf ihren Kirchturmspitzen. So kam der Wetterhahn zustande.

PARTNERWAHL

Die Henne denkt, nein, den Hahn mag ich nicht, der ist mir nicht schön genug und im Rang steht er nicht ganz oben, also weg damit! Womit? Mit dem Sperma! Frau Henne kann verhüten! Der Evolutionsbiologe Tim Birkhead hat beobachtet, dass die Wildhühner so zu rund 80 % den Hahn bestimmen können, mit dem sie Küken zeugen wollen, sie stoßen das Sperma einfach wieder aus.

SERVICE

LESESTOFF

Bauer, Wilhelm:
Zwerghühner.
Stuttgart, Verlag Eugen Ulmer, 2015.

Bauer, Wilhelm:
Hühnerställe bauen.
Stuttgart, Verlag Eugen Ulmer, 2013.

Peitz, Beate u. Leopold; Bauer, Wilhelm:
Hühner in meinem Garten.
Stuttgart, Verlag Eugen Ulmer, 2012.

Gomringer, Anne-Kathrin:
Unsere ersten Hühner.
Stuttgart, Verlag Eugen Ulmer, 2012.

Husson, Hervé:
Ideenbuch Hühnerställe.
Stuttgart, Verlag Eugen Ulmer, 2015.

ADRESSEN

Bund Deutscher Rassegeflügelzüchter (BDRG)
Am Busch 5
01920 Haselbachtal – OT Reichenbach
www.bdrg.de

Verband der Zwerghuhnzüchter-Vereine im BDRG
Im Grund 27
59174 Kamen
www.vzv.de

Verband der Hühner-, Groß- und Wassergeflügelzüchtervereine zur Erhaltung der Arten- und Rassenvielfalt im BDRG
Hintergasse 23
99998 Weinbergen
www.vhgw.de

Gesellschaft zur Erhaltung alter und gefährdeter Haustierrassen e. V. (GEH)
Walburger Straße 2
37213 Witzenhausen
www.g-e-h.de

ALLGEMEINE INFORMATIONEN ZUR HÜHNERHALTUNG

Hühnerhaltung in Wohngebieten
http://www.gesetze-im-internet.de/baunvo/__14.htm

Lärmbelästigung durch Hühner
http://dejure.org/dienste/vernetzung/rechtsprechung?Text=10%20E%20434/01

Definition von reinen oder allgemeinen Wohngebieten
http://de.wikipedia.org/wiki/Wohngebiet

Urteile und Normen
www.juris.de

Tierseuchenkasse
www.tierseuchenkasse.de

Tierschutzgesetz
http://bundesrecht.juris.de/tierschg

Tierschutz-Nutztierhaltungsverordnung
http://bundesrecht.juris.de/tierschnutztv

Nützliches rund ums Huhn
www.huehner-info.de

Anlaufstelle für die Rettung von Legehennen
www.rettet-das-huhn.de

Hühner auf Tour – STADTPFLANZER e. V.
Balzacstraße 19
04105 Leipzig
www.stadtpflanzer.de

GEFLÜGELZUCHTVEREINE

Landesverband der Rassegeflügelzüchter Berlin und Brandenburg e. V.
www.rgz-lvbb.de
E-Mail: rolf.graf@freenet.de

Geflügelzuchtverein Freising
E-Mail: v-freising@freenet.de

HÜHNERHÄUSER UND ZUBEHÖR

Bauanleitungen für Hühnerställe
www.heimwerker.de

Hühnerhaus Mobil
Ralf Müller
www.huehnerhaus-mobil.de
E-Mail: info@huehnerhaus-mobil.de

HeiniCoop Hühnerhäuser
info@heinicoop-shop.de
https://www.facebook.com/pages/Heinicoop/780340935329180
https://www.youtube.com/channel/UC_3_sPxFJa-fw7zZUvlAy-g

Eierschachteln und Hühnerblog
Meik Klose
www.eierschachteln.de/blog
www.twitter.com/eierschachteln
www.facebook.com/Eierschachtelnde

Hühnerblog
http://urbanchickenproject.tumblr.com

YouTube-Kanal über Hühner
Daniel Schellenberger
https://www.youtube.com/playlist?list=PLFxAvHwwlgtZ4AnbjvMWTbBaF01r6qtxG

Ziegenhof in Charlottenburg
Dankelmannstraße 16
14059 Berlin

Kinderbauernhof am Mauerplatz
Berlin Kreuzberg
Adalbertstraße 71
10997 Berlin
Telefon: 030 – 614 40 91

Michaela Müller
Gröbenzell
Hallo@unsere-kleine-Farm.net

SCHNELL GEFUNDEN

BILDQUELLEN

Alle Fotos stammen von Michael Eder, München, außer:
Wilhelm Bauer: S. 34, S. 35, S. 36 m. und r., S. 37 u. und r., S. 39 – 40, S. 43 l., S. 45 – 47, S. 48 l., S. 49 r., S. 51, S. 63, S. 73, S. 85 – 86, S. 120.
Regina Kuhn: S. 46 r.
Daniel Schellenberger / HeiniCoop: S. 78 – 80

IMPRESSUM

Die in diesem Buch enthaltenen Empfehlungen und Angaben sind von der Autorin mit größter Sorgfalt zusammengestellt und geprüft worden. Eine Garantie für die Richtigkeit der Angaben kann aber nicht gegeben werden. Autorin und Verlag übernehmen keine Haftung für Schäden und Unfälle. Bitte setzen Sie bei der Anwendung der in diesem Buch enthaltenen Empfehlungen Ihr persönliches Urteilsvermögen ein. Der Verlag Eugen Ulmer ist nicht verantwortlich für die Inhalte der im Buch genannten Websites.

Bibliografische Information der Deutschen Nationalbibliothek
Die Deutsche Nationalbibliothek verzeichnet diese Publikation in der Deutschen Nationalbibliografie; detaillierte bibliografische Daten sind im Internet über http://dnb.d-nb.de abrufbar.

Wollgrasweg 41, 70599 Stuttgart (Hohenheim)
E-Mail: info@ulmer.de
Internet: www.ulmer-verlag.de
Lektorat: Dr. Eva-Maria Götz, Michael Kokoscha, Bettina Brinkmann
Herstellung: Silke Reuter
Umschlagentwurf, Layout und Satz: Antje Warnecke, nordendesign.de
Druck und Bindung: Firmengruppe APPL, aprinta druck, Wemding
Printed in Germany

ISBN 978-3-8001-0874-9